• 职业技能短期培训教材 •

家政服务员

◎ 王志永　巴特尔　陈建玲　主编

中国农业科学技术出版社

图书在版编目（CIP）数据

家政服务员 / 王志永，巴特尔，陈建玲主编. —北京：中国农业
科学技术出版社，2019.2

ISBN 978-7-5116-4045-1

Ⅰ.①家…　Ⅱ.①王…②巴…③陈…　Ⅲ.①家政服务-技术培训-
教材　Ⅳ.①TS976.7

中国版本图书馆 CIP 数据核字（2019）第 024308 号

责任编辑	白姗姗
责任校对	贾海霞

出 版 者	中国农业科学技术出版社
	北京市中关村南大街 12 号　邮编：100081
电　　话	（010）82106638（编辑室）　（010）82109702（发行部）
	（010）82109709（读者服务部）
传　　真	（010）82106650
网　　址	http://www.castp.cn
经 销 者	各地新华书店
印 刷 者	北京富泰印刷有限责任公司
开　　本	850mm×1 168mm　1/32
印　　张	4.5
字　　数	110 千字
版　　次	2019 年 2 月第 1 版　2019 年 2 月第 1 次印刷
定　　价	29.00 元

前　言

　　家政服务员是一个新兴的职业，政府对家政行业的重视，社会对家庭服务人员需求越来越大，使得家政服务行业成为市场上比重相对较大的职业工种。城镇家庭聘请家政服务员对家里的小孩和老人进行照顾和护理，逐渐成为一个热门职业。

　　本书介绍了初级家政服务员应掌握的工作技能及相关知识，包括走进家政服务、家庭餐制作、家居保洁、衣物洗涤与整理、常用家电的使用与清洁、照料孕妇及产妇、照料婴幼儿、照料老年人、护理病人、家庭宠物植物养护、安全防范等内容。

　　本书适合相关职业学校、职业培训机构在开展职业技能短期培训时使用，也可供家政服务工作相关人员参考阅读。

编　者

2019 年 1 月

目　录

第一章　走进家政服务

第一节　了解家政服务员岗位

一、家政服务员的职业守则

遵纪守法，讲文明，讲礼貌，维护社会公德。

自尊、自爱、自信、自立、自强。

守时守信，尊老爱幼，勤奋好学，精益求精。

尊重雇主，热情和蔼，忠诚本分。

二、家政服务员的工作原则

做家务劳动首先要熟悉其工作的范围，家务劳动虽然较为复杂，但只要科学、合理地安排每日的工作，而后逐步学习家务劳动的技巧，掌握家务劳动的科学性，就会感到轻松自如，不会感到家务劳动无从入手。这样才能做到高效、高质、省时、省力，同时这也是做好家务劳动的基本要求。

家政服务员的工作原则如下。

（一）工作尽早安排，做好计划

每时、每天、每周，要做哪些事；先干什么、后干什么，怎样干，都应统一安排。

（二）井然有序，见缝插针

工作要井然有序，物品摆放定位要清楚，避免临时乱抓。工作时应两手配合好，如可一边烧水，一边摘菜；一边做饭，一边整理，从而达到省时、高效、省力的目的。

（三）分清主次、繁简、急缓，做到劳逸结合

做到先主后次、先繁后简、先急后缓，劳逸结合，提高效率。

（四）积极协商，努力合作

做事要主动、多与雇主商量，听取意见和建议，做好协作。

第二节　家政服务员上岗提示

一、初到雇主家

初到雇主家的家政服务员注意事项如下。

一是应了解并牢记雇主的家庭住址及周围与服务相关的场所和服务时间。

二是应了解所服务家庭成员的关系和有紧急事务时应找的人的电话及地址。

三是应了解雇主对服务工作的要求和注意事项。

四是应了解所照看的老人、病人、小孩的生活习惯、脾气。

五是应了解所服务家庭成员的性格、爱好，工作、生活习惯与时间安排、饭菜口味及家庭必要物品的摆放位置。

六是应了解的多问，雇主家庭成员互相议论的事不参与、不传话。

七是雇主家庭的私事不问，雇主家庭的贵重物品不动。

八是尊重雇主的卫生及生活习惯，尽量改变自己的生活方式，树立良好的生活习惯。

　　九是吃饭时要吃饱，切忌背着雇主东抓西拿。

　　十是不领外人到雇主家中，不要进门就打电话，即使因必要需接打电话时通话时间也要尽量短。

二、家政服务员在工作中可能遇到的几种情况

　　当雇主不在家中时，有些服务员出于好奇，对雇主的东西随便乱翻，不该看的也看了，不该动的也动了，有的甚至将物品损坏。雇主若一旦发现你随便翻动了他们的东西，你又未能及时地予以说明，雇主便会对你产生怀疑，对你失去基本的信任。这样在以后的工作合作过程中就会有隔阂，不利于长期合作。雇主家中一旦有物品丢失，自然而然地便会怀疑你，甚至造成很严重的后果。

　　家政服务员如能站在雇主的立场上看问题，对此问题就不难解决了。若发现一些自己从未见过的新奇有趣的事物，可以坦诚地对雇主言明，求得解答，在雇主同意的情况下方可观看或使用，如雇主对有些事物不便解答，你就不应勉强或有其他的想法，更不能在雇主外出时，自己偷偷地将东西拿出来把玩，甚至据为己有，这是很不礼貌的，也是不道德的。同时也会使雇主对你产生不良印象。

　　在雇主离家后，应当锁好门。若有人来访，不要急于开门，应先问清来访人是谁，和雇主是什么关系，因何事来访，如果是不认识的人，或雇主事先未交待，就应该将其拒之门外；若是曾经来过雇主家中的客人，可以很客气地告诉他雇主现在不在，并告知他雇主何时回来，待雇主回来后再请他光临，或让他留言。

若遇有人来给雇主送东西，一般情况下可以拒收，特殊情况应问清情况并留下来访者姓名及工作单位，同时将物品当面点清，妥善保管，待雇主回来后立即交给雇主；若是自己单独在家中遇到查电表、水表、煤气的同志来，而你确实认识他，你可以将表数字抄好后交给他，但一定不能让他进屋，若你对他一点也不认识，你可以很客气的说："对不起，我是他们家中的服务员，这些事情我不清楚，你还是等他们回来再来吧！"

如果有不认识的人来雇主家取物品，必须给予拒绝；若是雇主交待将有某人于某时间来取东西，当客人来时要主动热情地接待，但若客人未走，自己切忌离去，以免发生意外情况。

三、正确处理好是否与雇主同桌、同时就餐问题

通常情况下，家政服务员可以和雇主同桌就餐，但如果有需要照看小孩的服务员就不一定能做到这一点了。大人要吃饭，孩子也要吃饭，在这种情况下，服务员应该积极主动地去带孩子。

第三节　家政服务员的法律常识

家政服务员必须遵守国家的有关法律法规，对《中华人民共和国宪法》《中华人民共和国刑法》和《中华人民共和国未成年人保护法》要有所了解。

一、中华人民共和国宪法

宪法是国家法律体系的基础和核心，具有最高的法律效力，是根本法。宪法规定了国家的根本任务和根本制度，即社会制度，国家制度的原则和国家政权的组织及公民的基本权利和义

务。家政服务人员，必须理解以下两个方面，切实做到尊重客户的宗教信仰自由、民族传统和风俗习惯、婚姻家庭、财产权以及人身权利等。

1. 公民在法律面前一律平等

公民在法律面前一律平等，是我国公民的一项基本权利，其含义是指我国公民不分民族、种族、性别、职业、家庭出身、宗教信仰、教育程度、财产状况、居住期限等，都一律平等地享有宪法和其他法律规定的权利，也都平等的履行宪法和其他法律规定的义务。

2. 公民享有人身自由权利

《中华人民共和国宪法》规定我国公民的人身权利作为一项基本权利，包括公民的身体不受非法限制、搜查、拘留、审问和侵犯，公民的人格尊严不受侵犯，禁止用任何方法对公民进行侮辱、诽谤和诬告陷害，公民的通信自由和通信秘密受法律的保护，正常情况下，任何组织和个人不得以任何理由侵犯公民的通信自由。

二、中华人民共和国刑法

2011 年刑法修正案，是目前最近《中华人民共和国刑法》。作为家政服务员，应当主动学习、了解、掌握相关的法律条文，一是有效地利用法律武器保护自己的人身安全；二是能够提醒自己始终做一个知法、懂法、守法的合格公民。

家政服务员，要切实做到"遵守法纪、尊重雇主、诚实守信、忠于职守"。

一是不要翻看雇主的东西，更不要将喜欢的东西据为己有，一旦出现上述问题将受到刑事处罚。不要损坏雇主家中的物品，特别是贵重物品（如古字画等），损坏物品要如实向雇主讲明，不要隐瞒或销毁。

二是现在许多物业小区大多数家庭均已经安装监控系统，家政服务员要洁身自爱，不要存在侥幸心理，否则，难逃法律的制裁。

三是为了确保安全，家政公司通常在家政服务员办理入职手续前已上网验查身份证并照相留底，一旦家政服务员有不合法行为发生，公司会即该将相关资料传送至家政服务员户籍所在地的公安机关和相关单位。为了自己及家人的声誉与前途，切记任何时候任何地点勿生贪念，否则，将遗恨终生。

三、未成年人保护法

家政服务员有一项重要工作是照顾婴幼儿。婴幼儿是未成年人，所以要了解《中华人民共和国未成年人保护法》并遵守，重点掌握以下两个方面。

1. 要维护未成年人的合法权益

有的家政服务员认为婴幼儿小，不会讲话，所以自己不高兴或者婴幼儿不听话的时候就打他，有的甚至虐待他，这是犯法的。未成年人的合法权益受法律保护，家政服务员要记住：孩子永远是孩子，要允许孩子犯错误。不能因孩子犯错误而吓唬、打骂、体罚孩子。

2. 要尽心尽职履行服务职责

未成年人缺乏自卫、自护的能力，看护未成年人的家政服务员一定要尽心尽职履行服务职责，不论是在家还是外出路上及游玩场所都不能离开孩子，防止意外发生。

四、妇女权益保障法

《中华人民共和国妇女权益保障法》是尊重和保障妇女权益

的法律。该法规定男女平等，妇女享有同男子一样平等的权益。妇女的政治权利、受教育的权利、劳动的权利、婚姻家庭的权利、人身自由的权利等受法律保护。

家政服务员学习《中华人民共和国妇女权益保障法》时，应重点掌握以下 3 个方面。

1. 女家政服务员要保护好自己

女家政服务员要坚持"自尊、自信、自立、自强"的精神，洁身自爱，服务中要避免与男主人单独相处，对用户的不正当要求要严词拒绝，勇于用法律保护自己的合法权益。

2. 家政服务员要尊重妇女的权益

家政服务员要尊重妇女的权益，维护家庭的和睦与稳定，不论男女服务员都始终不要忘记自己的职责，不能做第三者插足用户的家庭。

3. 提高自身素质，杜绝家庭暴力

家庭暴力是家庭成员中实施的暴力行为。家政服务员要不断提高自身素质，杜绝家庭暴力，做维护家庭和睦、稳定的优秀成员。

第四节 家政服务员的礼仪规范

一、仪容姿态

家政服务人员在一个家庭中，活动最频繁，有时还会常常与人打交道，这就要求家政服务人员具备起码的素质。无论是个人仪容，还是体态行为，都要大方得体。

二、礼仪礼节

1. 称呼

称呼雇主为先生（太太）。对客户家的小孩称呼：可先称呼宝宝，后称呼名字。对主人的父母如年龄差别不大，可称呼为：大哥（大姐），如年龄大得多，可称之为：大伯、大妈、爷爷、奶奶。最常见的称呼：小姐、先生、太太、大伯、大妈、爷爷、奶奶。

2. 接电话礼仪

（1）接听及时。听到电话铃声应立即停下手中的工作去接听，一般不要让电话铃响过 3 遍。如果电话铃响过了 3 遍后应向对方道歉："对不起，让您久等了"。

（2）拿起电话机后应说："您好，这是××的家"，然后再询问对方要联系的人和来电的意图等。

（3）有礼貌地请被叫的人来接听电话，若被叫的人不在，应做好记录，等其回来后立即告知。电话交流时要认真理解对方的意图，必要时要对通话内容重复一遍，请对方确认，以防误解。

（4）电话内容讲完，应等对方结束谈话再以"再见"为结束语。对方放下话筒之后，自己再轻轻放下，以示对对方的尊敬。

3. 就餐礼仪

（1）洗手、仪容整洁，无乱发，指甲短而平、无污垢。

（2）铺好桌布，碗、碟、筷等摆放正确到位。

（3）端汤和端饭的姿势要安全，切记不要把手浸泡其中。

（4）请雇主用餐。××先生、××小姐（爷爷奶奶）晚餐已准备好，现在就可以用餐了。

（5）告诉雇主今天的菜是什么菜，合不合口味，如果不合味下次尽量做好。

（6）自己要轻落座，喝汤、吃饭时不要发出声音，夹菜时筷子不能伸到雇主面前，上菜时有剩菜上到自己面前，最好主动放一双公筷夹菜。

（7）看到雇主碗空时问："请问是否再来一碗饭或汤"。忌说"要不要饭"。

（8）饭后收拾碗筷要轻拿轻放。

第二章 家庭餐制作

第一节 食物的采购与记账

一、怎样选购食物

1. 蔬菜的选购与鉴别

（1）买菜应注意的问题。无论是去菜市场还是去农贸市场，想买到价廉物美的蔬菜，就要脚勤、嘴勤、眼勤。现在蔬菜的市场价格放开了，要学会讨价还价，货比三家。鉴别蔬菜的质量好与差，一般是看是否鲜嫩光亮、水分是否充足、蔬菜表面有无损伤等。一般情况下蔬菜颜色越深，养分越高。

（2）怎样选购菠菜。选购菠菜时要挑叶子较厚，伸展好，叶面较宽，叶柄短的。叶子有变色现象的要剔除。

（3）怎样选购芹菜。选择芹菜时要挑色泽鲜绿的，叶柄宜厚，茎部略成圆形，内侧微向内凹。

（4）怎样选购黄瓜。选购黄瓜时要挑色泽鲜亮的，表面带刺，顶部有花的更好。用手摸黄瓜，感觉发软，底顶变黄，则黄瓜籽多，已不新鲜。

（5）怎样选购茄子。选购茄子挑色泽暗紫色的最好，表面有光泽，底部表皮有棘状小突起的更为新鲜。

（6）怎样选购土豆。土豆又叫马铃薯。选购时尽量挑表皮没有斑点、没有伤痕、没有皱纹的。如发现土豆长芽了不宜选用。

（7）怎样选购洋葱。选购洋葱时从外表面看透明，表皮中带有茶色纹理的好。其表皮越干越好，包卷度愈紧密愈佳。

（8）怎样选购大葱。选购大葱时，葱白部分应扎实致密，绿色部分一直到尖端，整根大葱以白为主，白绿分明为最佳。

（9）怎样选购绿豆芽。在农贸市场上出售的绿豆芽，常有一些是用化肥发制的，食用后会引起食物中毒，选购时要注意鉴别。正常的绿豆芽略呈黄色，豆芽不太粗，水分适中，无异味。不正常的绿豆芽颜色发白，豆粒发蓝，芽茎粗壮。水分较大，有化肥味。

另外，绿豆芽挑短一些的，既有营养成分，吃起来又脆嫩可口。

（10）怎样存放青菜。青菜买回来一时吃不完，可以将其头朝上直立放好，这样既可保持蔬菜养分，又可以延长存放时间；买回的青菜要放在通风阴凉干燥处，这样可以及时散热，降低菜温，控制微生物的活动；同时要避免日光直晒，否则容易变得干瘪枯黄；青菜堆放时最好避开水源，因为滴上水或被水浸过，菜就容易腐烂变质；青菜怕碰，碰伤外表，容易腐烂，因此应注意不要碰坏存放的青菜。

2. 畜禽蛋的选购与鉴别

（1）选购牛肉、羊肉、猪肉。优质肉看上去颜色鲜红（牛肉深红），都有光泽；用手按时有弹性，不发黏；闻一闻有肉的腥味，而无腐败臭味。相反，腐败的肉看上去颜色淡绿且发暗或呈黑色，无光泽，用手按时无弹性，发黏，水分过多，带有异味或臭味。

（2）鉴别冷藏禽肉。新鲜的冷藏禽肉，嘴部有光泽，干燥，有弹性，无异味；眼球充满眼窝，角膜有光泽；表皮干燥，呈淡黄色或淡白色，具有特有的气味，而不是异味、霉味或腐败味。

（3）禽类的好坏。新鲜的禽类表面呈油黄色，眼珠有光泽，肛门处不发黑、不发臭。坏的禽类为深黄色，紫黄色或暗黄色，眼珠浑浊或紧闭，肛门灰黑色，有臭味。

（4）识别鲜蛋。

①灯光鉴别法：鲜蛋用灯光照，蛋清透亮，蛋清与蛋黄界线分明呈橘红色，蛋内无黑点、无红影。也可以用阳光照，蛋内映出比较透明的橙黄色，无黑影者为好蛋。

②冷水鉴别法：将鸡蛋放在盛满冷水的盆里，如果鸡蛋横躺在水里，是鲜蛋；如果直立在水中，则是陈蛋；如果浮在水面上很可能是变质了。

（5）挑选松花蛋。摇晃听声音，如有水声不是好蛋。将蛋轻轻掂起，落下时有弹性震动感的为好蛋。用食指敲打蛋的小头，感到有弹性颤动的为好蛋。观察蛋壳的颜色，灰白色并带有少量灰黑色斑点的为最好，包皮越黑则越差。

3. 水产品的选购与鉴别

（1）挑选活鱼。优质活鱼在水中游动自如，反应灵敏；鱼脊直立，不翻背，并经常潜入水底，偶尔出水面换气，然后迅速进入水中；鳞片无损伤，无脱落。即将死亡的鱼游动缓慢，反应迟缓；鱼脊倾斜，不能直立，并一直浮于水面；鳞片有脱落现象。

（2）如何判断死鱼的新鲜程度。最简单的办法是看鱼的肛门。鲜鱼的肛门紧缩、发白。不太鲜的鱼肛门略微发红，向外突出，有的肛孔破裂。如果鱼的肛门发紫，显著向外突出，则表明鱼已腐败变质。

（3）挑选河蟹。立秋前后是购买河蟹的季节，这时的河蟹最饱满。新鲜的河蟹蟹壳呈青绿色，有光泽，蟹螯夹力大，毛顺，腿完整、饱满、爬得快，连续吐泡并有声音。尖脐为雄蟹，圆脐为雌蟹。雌蟹黄多，雄蟹黄少但肉质鲜嫩。

（4）挑选海蟹。每年4—5月海蟹最肥。沿海一带可以买到活海蟹，内地一般买到的都是死蟹。在挑选死蟹时要择其蟹螯、腿完整有弹性的，蟹壳呈青灰色，壳两端的壳尖无损伤的，具备上述条件的为新鲜海蟹。

（5）选虾。优质虾的虾壳、须硬，色青光亮，眼突出、肉结实，味腥。如果壳软，色浑浊，眼凹，壳肉分离则为次虾。色黄发暗，头脚脱落，肉松散为劣虾。

（6）选购虾皮。最简单的方法是用手紧握一把虾皮，若放松后虾皮能自动散开，则其质量很好。这样的虾皮外壳比较清洁，呈黄色有光泽，体形完整，颈部和躯体紧连，虾眼齐全。

4. 其他食品的选购

（1）挑选香菇。优质香菇的伞呈黄色或白色，呈茶褐色或掺杂黑色的次之。挑选香菇时还可以根据其香味鉴别。用手指压住菇伞，然后边放松边闻，香味纯正的为上品。

（2）鉴别毒蘑菇。拿一段大葱在蘑菇盖上擦一下，如果葱变成青褐色，是毒蘑菇。

（3）鉴别木耳。优质木耳表面黑而光泽，有一面黄灰色；手摸干燥，无颗粒感，片薄、体轻；嘴尝无异味。掺假的木耳看上去朵厚，耳片黏在一起；手摸潮湿有颗粒感；嘴尝甜或咸，分量较重。

（4）选购蜂蜜。纯正的蜂蜜是浓厚、黏稠的胶状液体，气味芳香，呈白色、淡黄色或淡红色，光亮透明。有的蜂蜜在气温降低时凝结成块状，这属于自然结晶，证明含葡萄糖成分较多。蜂蜜过于稀薄，表面上有白色泡沫，则说明水分大，容易发酵，质量低下。

（5）鉴别香油。农贸市场上出售的香油往往是陈旧或掺假的香油。掺入水分后油中有分层，香味不浓；如闻着有特殊的刺激味，说明已氧化分解，油质已变坏。新鲜纯香油的颜色呈黄红色，浓香，没有沉淀，不分层，液体黏稠。

（6）鉴别芝麻油。如果芝麻油掺入菜油、棉籽油等，可以用以下方法鉴别。

一看色泽。纯芝麻油是淡红色或红中带黄色。掺其他油后颜色发生变化。

二看透明度。纯芝麻油透明纯洁。掺其他油后模糊浑浊或出现沉淀变质现象。

三看有无沉淀物。纯芝麻油无沉淀和悬浮物，黏度小。

（7）挑选大米。优质米粒中长或细长、圆粒、半透明。凡长的或短粗的为劣质米。新米不透明但有光泽，呈瓷白色。黄米粒、陈米、变质米不透明且无光泽，无稻香味。凡是米粒腹白、背白、心白的，煮熟后易断裂，食味较差。

（8）识别豆腐。好的豆腐色泽乳白，质地细腻，富有弹性，老嫩适度，无杂质，闻着有豆香味；将两块豆腐叠起不倒、不破裂；刀切面光泽，无杂质，闻着有豆香味。

（9）鉴别茶叶。茶叶的优劣差别很大。一般看外观，叶面紧结匀直，细而垂直，嫩枝，芽毫多，颜色呈青带绿，色泽油润的为上品。外形不匀整、粗松、轻飘、叶老的是次品。假茶叶叶片对生或丛生，叶扁平或方形，颜色呈青色，不匀直。

（10）挑选罐头食品。铁皮罐头保质期为 2 年，玻璃瓶罐头为 1 年。铁皮罐头要检查接缝卷边的地方有没有凹陷或突出，罐外有无铁锈。正常的罐头内因气体少，气压低，盖和底一般是向内凹陷或平的，敲打时发出清脆的响声。如果罐身膨胀，底和盖有凸起，敲打时声音浑浊，则说明这听罐头已坏。如果是玻璃瓶装罐头，看食品颜色正常，汤汁清澈，瓶底没有沉淀物，食品块形完整，说明质量是好的。

（11）挑选香蕉。香蕉的外形像月牙状弯曲，皮上有五六个棱，果柄短；未熟时呈青绿色，熟后变黄色并蒂有褐色斑点，果肉呈黄白色，并有浓郁的甜美香味。

（12）选购葡萄。成熟适中的葡萄果粒颜色较深，较鲜艳，果穗大，颗粒饱满并有白霜。一般来说，果粒较稀疏者，味较甜；果粒紧密者，味较酸。

（13）选购西瓜。熟瓜的脐部凹入较深，生瓜凹入较浅；熟瓜皮色灰暗，生瓜鲜嫩明亮。用一手托着瓜，另一手轻拍（或轻弹），若发出闷哑的砰砰声，且瓜体颤动有震手感，则是熟瓜；若发出清脆的声音是次瓜或生瓜。两手抱着西瓜，放在耳边，用两手轻轻挤压，若听到沙沙声，则为好瓜；没有裂声的是生瓜。

二、采买记账

家庭服务员接到雇主交给的生活费，钱数、日期、开支项目等要建立账目，登记清楚，见下表。

表　生活费收支账目表

日期	雇主交款数	支出项目	单价	数量	金额	剩余金额	备注
5月1日	50元	猪肉	8元	1千克	16元	34元	
5月1日		黄瓜	1.5元	1千克	3元	31元	

第二节　食物的初加工与准备

一、原料的初步加工

采购回烹饪所需要的原材料后，家政服务员要经过初步加工才能烹饪。主要加工过程有选、洗、切三个步骤。

1. 选

"选"就是根据烹饪菜肴的要求，将蔬菜、肉食按加工方法分类。

加工带皮类要去皮。

加工肉类要将皮刮净或去掉，并清洗干净。

加工鱼类要去鱼鳃、鳞、内脏等物，注意不要弄破苦胆，影响鱼的味道和鲜美。

加工蔬菜类要去掉黄叶、梗及腐烂的部位。

2. 洗

米、蔬菜、肉食在上锅之前都要清洗干净，注意洗菜和洗肉的盆要分开。

淘米时不要用流水冲洗或用热水烫洗，更不要用力搓洗，一般淘米不要超过 3 次。

洗蔬菜时，先洗去菜表面的泥土，然后放入水盆中，加点盐浸泡约 10 分钟，目的是把藏于菜心、菜根部位的化肥、农药沉淀出来。之后用流水再清洗一遍，最后控水，以免下锅时因水太多而发生迸溅。

鲜肉在下锅之前也要洗干净，必要时先在沸水中煮一下。

3. 切

需要注意的是，切肉和切菜要用不同的案板和不同的刀。

二、烹饪前的准备工作

家政服务员在烹饪前要做好准备工作，主要包括注意个人卫生、使用炊具餐具和配菜三个步骤，主要体现如下。

（1）注意个人卫生。烹饪前一定要洗手，并且戴好厨师帽，系好围裙、套袖，以保证食物卫生和衣物清洁。

（2）使用炊具餐具。将待用的餐具用流动水清洗干净，配齐锅、铲、碗、瓢、盘、盆等，检查炊具的安全性，建议用铁锅炒菜。

（3）配菜。配菜就是依据菜谱，准备烹饪所需的调料，并将蔬菜、肉食先做合理搭配，主要有以下三点。

葱、姜、蒜作为辅料必不可少，其他调料酌情添加。

洋葱、柿子椒、西红柿是最好的配料，每道菜适当添加五六片即可。

不适合做汤的菜有韭菜、芹菜、豆角、辣椒、莴笋和茄子等。

第三节　一般菜肴制作

一、蒸制菜肴

1. 清炖甲鱼

（1）主料准备。500克左右甲鱼一只。

（2）调料准备。盐5克，味精3克，料酒15克，葱50克，姜80克，胡椒粉3克。

（3）制作方法。

将甲鱼宰杀后，用90℃的热水浸泡2分钟左右，再用餐刀

刮去甲鱼体表的污皮。

用刀把甲鱼从盖的下端剖开，摘下内脏，摘除肉中的脂肪。

把甲鱼用刀斩成块，放入沸水中浸煮 2 分钟，把甲鱼块捞出。

在锅中放入 2 500 克清水，烧开后放入甲鱼、姜片用小火慢煮，煮 90 分钟左右后放入盐、味精、料酒、胡椒粉、葱段，再继续炖煮 30 分钟左右达到肉质熟烂即成。

（4）注意事项。煮制前一定要把甲鱼的脂肪摘净，否则汤容易腥；水要一次放足，如果出现因水少造成的焦糊会使菜肴无法食用；盐不要早放，盐放得早会影响呈鲜物质的溶出，影响汤的鲜味；葱也不要放得太早，太早会产生不良的味道。

2. 口蘑蒸鸡

（1）主料准备。鸡肉 200 克，口蘑 30 克。

（2）调料准备。盐 6 克，味精 3 克，料酒 5 克，香油 10 克，葱 20 克，姜 30 克，胡椒粉 1 克，淀粉 15 克，蛋清 10 克，碱面 2 克。

（3）制作方法。

鸡肉洗净，斩成小块。葱、姜洗净切成小片。

口蘑用 70℃以上的热水浸泡至水凉，去掉蘑菇蒂，用盐水泡 30 分钟，再用清水反复漂洗，去净泥沙。

在大蒸锅放入清水 1 500 克烧开备用。

鸡肉放入碱面，再加入 20 克水，抓拌均匀。

把葱姜片、盐、味精、料酒、香油、胡椒粉、口蘑、鸡肉放入碗中，拌匀后再放入蛋清、淀粉，再拌匀，放入蒸笼用大火蒸 60 分钟左右，至鸡肉熟烂即成。

（4）注意事项。此菜肴必须用大火蒸透，肉质熟烂，中途不能打开锅盖。

3. 清蒸鲤鱼

（1）主料准备。750 克左右鲤鱼 1 条。

（2）配料准备。火腿片、冬笋片、板油丁各 15 克，水发香菇片 5 克，姜 10 克，葱 50 克，青豆 10 克。

（3）调料准备。味精 2.5 克，料酒 15 克，醋 10 克，盐水 15 克，头汤 100 克。

（4）制作方法。

将鲤鱼刮去鱼鳞，开膛，摘去内脏和鱼鳃，清洗干净。

将加工好的鱼用斜刀法改成一字花刀，成瓦垄形花纹。

将葱清洗干净，切成 4 厘米的段，姜切末。

鱼盘内先放上葱段，将鱼放在葱段上，再把冬笋片、火腿片、香菇片、板油丁、青豆摆在鱼身上。

用头汤、盐水、味精、料酒、姜末兑成汁，浇在鱼身上，上笼蒸熟即成。

上菜时外带些姜末和醋。

二、炸制菜肴

1. 麻辣鸡丁

（1）主料准备。鸡脯肉 500 克。

（2）调料准备。花椒 10 克，干辣椒 25 克，葱、姜各 10 克，盐 6 克，白糖 15 克，料酒 20 克，香油 10 克，味精 5 克，食用油 300 克。

（3）制作方法。

将鸡脯肉清洗干净，控干水分，切成 2 厘米见方的丁。

葱、姜清洗干净，葱切成段，姜切成片。

将鸡肉丁、葱段、姜片装入大碗里，放入盐 3 克、白糖 8 克、料酒少许、味精 3 克抓匀，腌渍 10~15 分钟。

炒锅上火烧干水分，倒入食用油烧热，放入鸡丁，温油炸透捞出，继续升高油温后，将鸡丁再次倒入复炸一遍，捞出待用。

倒出炒锅中的炸制用油，留少许底油上火烧热，放入花椒和干辣椒炒香，喷入料酒，倒入炸好的鸡丁翻炒几遍，放入余下的调味料翻炒均匀，淋入香油出锅即可食用。

（4）注意事项。鸡丁大小要相对一致，腌渍时间应不少于10 分钟；首次炸制鸡丁时油温要温热，复炸时油温要高。

2. 软炸里脊

（1）原料准备。猪里脊肉 200 克，蛋清 25 克。

（2）调料准备。精盐 3 克，味精 3 克，料酒 10 克，葱、姜各 5 克，食用油 500 克，湿淀粉 10 克，干面粉 20 克，花椒盐10 克。

（3）制作方法。

葱、姜清洗干净后切成末。

将里脊肉清洗干净，两面交叉剞直刀（正反面），深至原料的 1/2。

把整理好的里脊用盐、味精、料酒、葱姜末抓拌均匀，并腌渍 30 分钟。

将蛋清磕入碗内，加湿淀粉、面粉和适量清水调制成糊。

把腌渍好的里脊放入糊中抓匀。

锅内放油置火上，烧至 120℃左右时，将里脊下锅，炸至漂起捞出。

继续升高油温至 160℃时，把里脊再放入热油中，炸成浅黄色时，倒出并沥净油，装盘，附带花椒盐上桌食用。

（4）注意事项。油温不能过高，防止产生有害物质；花椒盐另备一个小盘，不要直接淋撒在软炸里脊上。

3. 软炸虾仁

（1）原料准备。虾仁 200 克，蛋清 25 克。

（2）调料准备。精盐 3 克，味精 3 克，料酒 5 克，葱、姜各 5 克，食用油 500 克，湿淀粉 10 克，干面粉 20 克，花椒盐 5 克。

（3）操作方法。

葱、姜清洗干净后切末。

将虾仁清洗干净、挤净水分，用盐、味精、料酒、葱姜末抓拌均匀，腌渍 3 分钟左右。

将蛋清磕入碗内，加湿淀粉、面粉和适量清水调制成糊，把入味的虾仁放入糊中抓匀。

将锅内放油置火上，烧至 120℃ 左右时，虾仁下锅，炸至漂起捞出。

待油温升至 160℃ 时，将虾仁放入热油炸成浅黄色时，倒出并沥净油，装盘，附带花椒盐上桌食用。

（4）注意事项。

油温不能过高，以防产生有害物质。

花椒盐另备一个小盘，不要直接淋撒在软炸虾仁上。

虾仁一定要挤净水分，否则会因为水分过大造成脱糊。

三、炒制菜肴

1. 蒜茸生菜

（1）主料准备。生菜 500 克。

（2）调料准备。盐 5 克，鸡精 3 克，料酒 5 克，姜 10 克，蒜 30 克，植物油 30 克，淀粉 5 克，香油 5 克。

（3）制作方法。

生菜去掉老叶清洗干净，掰成大块；姜洗净去老皮切末；

蒜瓣拍破锤砸成泥茸。

在锅中放入植物油，倒入姜末煸出香味，放入生菜边翻炒边放入鸡精、盐，烹入料酒，并用清水对好的淀粉勾芡，最后放进蒜茸，淋香油即成。

（4）注意事项。翻炒的速度要快，最好选用铁锅，急火快炒。

2. 肉片爆圆椒

（1）主料准备。瘦猪肉 150 克。

（2）副料准备。圆椒 400 克。

（3）调料准备。盐 3 克，味精 3 克，酱油 6 克，料酒 20 克，葱 10 克，姜 10 克，油 25 克，淀粉 5 克。

（4）制作方法。

猪肉清洗干净，切成 0.2 厘米厚的肉片；圆椒去蒂，切成片状；葱择洗干净，切小段，姜切薄片。

猪肉片加 30 克清水调拌吃水后，放入盐 1.5 克、味精 1 克、料酒 10 克和淀粉抓匀待用。

将铁炒锅刷洗干净上火烧干，倒入油烧热，放入葱、姜煸香后放入肉片，待首先接触锅的肉已经变色时可以用铲子翻炒，待肉全部变色后先把肉盛放在洁净容器中。

将锅再次上火，放入圆椒片用大火急速翻炒。待颜色变浅时，淋入酱油、味精，再倒入已经煸熟的肉片，烹入料酒，放入余盐翻炒均匀即成。

（5）注意事项。猪肉适当吃水，可以使肉更加细嫩；煸炒猪肉时间不可过长，变白色表示蛋白质已经变性，初期变性的蛋白质更嫩，炒时间过长，蛋白质变性过度，会影响肉质细嫩。

3. 海米烧菜花

（1）主料准备。菜花 500 克。

（2）副料准备。海米 20 克。

（3）调料准备。味精 3 克，盐 5 克，料酒 15 克，葱 25 克，姜 20 克，色拉油 20 克，淀粉 10 克，香油 5 克。

（4）制作方法。

将菜花洗净，掰掉叶子，切去根，改刀切成小块，用淡盐水浸泡 30 分钟。葱洗净，切末；姜洗净，去皮切细末。

将海米挑出虾壳，用清水漂洗干净，用 200 克开水浸泡备用。

锅中放油烧热，放入海米、葱姜末，用小火煸炒出海米香味后放入菜花并迅速放入盐、味精，烹入料酒，添入 50 克清水焖至片刻，用清水对开的淀粉勾芡，待芡粉糊化后点香油即成。

（5）注意事项。

一定要将菜花用淡盐水浸泡 30 分钟，杀死各种蚜虫和粉蝶幼虫。

海米菜花一定要加水焖片刻，这样才能使海米的鲜味附着在菜花之中。

有些海米盐分较大，可以在烹制菜肴前先尝一粒海米，若海米较咸，应适当减少盐的投放量。

四、炖制菜肴

1. 萝卜炖牛肉

（1）主料准备。牛肉 250 克。

（2）副料准备。萝卜 400 克，香菜 20 克（或香葱）。

（3）调料准备。盐 5 克，味精 2 克，鸡精 3 克，料酒 15 克，葱 25 克，姜 15 克，香油 10 克，胡椒粉 5 克。

（4）制作方法。

葱择洗干净，切成 3 厘米长的段；姜刮除老皮和腐烂的部位，切成 0.15 厘米厚、1 厘米宽、1.5 厘米长的小指甲片；香菜择洗干净，切成 2 厘米长的小段。

牛肉用清水洗净，切成 3 厘米见方的小块。

白萝卜洗净，刮净毛须，切成 3 厘米宽、4 厘米长、2 厘米厚的骨牌块。

在砂锅（或铁锅）中放入 1 500 克清水，放置火上，随即放入牛肉，用旺火烧开后转小火煨炖。

当炖约 1.5 小时至肉即将熟烂时放入盐、味精、胡椒粉、葱段、姜片、料酒继续煨炖 1 小时。

待牛肉完全软烂时，放入萝卜再炖 15 分钟，至萝卜软烂时淋香油，端离火口，撒入香菜即可。

（5）注意事项。

煨炖牛肉时最好使用砂锅或铁锅。

不要去除汤面上的沫子。因为这些沫子在经过长时间的煨炖后，会分解成为有营养价值的氨基酸，这样既会增加汤的营养，也会增加汤汁的鲜味。

牛肉口味不可过淡，口味过淡压不住膻气味，过咸会影响健康。盐的投放总量最好控制在 0.8%~1%（盐的投放量是所有原材料、汤水的总重量与盐的比例关系）。由于 1 小时的煨炖会挥发大量的水分，所以要控制好盐的投放量。

牛肉煨炖 1 小时已达到熟烂。煨炖时间适当可以使肉软烂，时间过长肉质会过熟烂，影响口感。

2. 红枣莲子三黄鸡

（1）主料准备。三黄鸡半只（400 克）。

（2）副料准备。红枣 75 克，莲子 15 克。

（3）调料准备。盐 8 克，味精 3 克，料酒 20 克，葱 15 克，姜 20 克，胡椒粉 0.5 克。

（4）制作方法。

红枣清洗干净；葱择洗干净，切段；姜洗干净，切小片。

三黄鸡宰杀后择净小羽和绒毛，摘除内脏，清洗干净，保留鸡肝、鸡心、鸡胗并清洗干净。

将宰杀好的鸡剁成小块，洗净备用。

莲子用温水泡 1 小时，用刀削去莲子两头，用牙签把莲子心捅出去。

选用大砂锅，放入清水 1 500 克，放入鸡肉、鸡肝、鸡心、鸡胗、葱段、姜片用大火烧开，放入盐、味精、料酒、胡椒粉转用小火慢炖。

炖制 90 分钟后放红枣和莲子继续炖 30 分钟离火即可。

（5）注意事项。

外购的莲子多数没有去净莲子心，所以即使购买的是加工好的莲子，也需要用清水浸泡 30 分钟，待莲子膨润后进行检查，把莲子心彻底去净。

仔细检查鸡肉，剔除鸡颈部的扁桃体以及鸡尾部的鸡尖。

五、拌制菜肴

1. 腐竹拌芹菜

（1）主料准备。芹菜 300 克，腐竹 100 克。

（2）调料准备。盐 3 克，糖 5 克，鸡精 2 克，姜 10 克，香油 20 克，碱面 5 克。

（3）制作方法。

芹菜洗净后顺茎掰开，摘掉叶子备用，抽出芹菜茎中的老筋，切成小段；姜去净老皮洗净，切成细末。

腐竹断开后，切成小条，倒入开水和碱面浸泡 2 小时。

锅刷洗干净，放入 1 000 克清水烧开，放入腐竹条煮 5 分钟捞出，再把芹菜放入水中焯水处理后迅速捞出并且用清水过凉，芹菜叶子单独迅速焯水并过凉。

将芹菜、芹菜叶和腐竹放入较大容器中，放入盐、糖、鸡精、香油、姜末拌匀即成。

（4）注意事项。芹菜叶子不可丢弃，可清洗干净后一并焯水处理，拌制后食用，有降血脂的功能；焯水时水量一定要大，因为水量大，热量多，焯水的时间短，营养素损失小。

2. 双耳拌菜花

（1）主料准备。菜花 300 克。

（2）副料准备。木耳 10 克，银耳 5 克。

（3）调料准备。盐 4 克，鸡精 3 克，白糖 5 克，料酒 5 克，姜 30 克，香油 20 克。

（4）制作方法。

将菜花洗净，掰掉叶子，切去根，改刀切成小块，用淡盐水把菜花浸泡 30 分钟；姜洗净去皮，切细末。

把木耳、银耳放入清洁容器中，用清水浸泡冲洗，待木耳、银耳充分浸润后挖出硬根，并将银耳继续泡发至最佳膨润状态。

烧 1 000 克清水，把木耳、银耳、菜花分别焯水处理，木耳、银耳、菜花都要彻底焯熟并做过凉处理。

把木耳、银耳、菜花放入一个较大的容器，放入盐、鸡精、白糖、料酒、姜末和香油充分拌均匀即成。

（5）注意事项。菜花要焯透，否则会有青菜气的辣味；咸鲜味的菜肴适当放糖可以压住菜的青草气味，还可以提高菜肴的鲜味。

3. 黄瓜拌鸭丝

（1）主料准备。熟鸭丝 50 克，黄瓜 300 克。

（2）调料准备。盐 4 克，糖 3 克，麻酱 25 克，芝麻 2 克。

（3）制作方法。

黄瓜用洗涤灵清洗干净，并用清水浸泡 10 分钟，再用清水冲洗干净，切成细丝。

芝麻用清水漂洗，去净瘪皮，淅净泥沙；把饼铛上火，用小火焙香。

麻酱加水调成浓稠状放入盐、糖搅拌均匀。

取一个大盘，先放入黄瓜丝，鸭丝放在黄瓜丝上面，把调好的麻酱均匀地淋撒在上面，再把芝麻撒在最上面，食用时拌匀即成。

（4）注意事项。芝麻一定去净泥沙，避免影响食用；麻酱不能过早与黄瓜丝调拌，过早会出汤，既影响外观也影响口感。

六、煮制菜肴

1. 盐水虾

（1）主料准备。青虾 250 克。

（2）调料准备。葱 5 克，姜 10 克，蒜 20 克，花椒 2 克，盐 6 克，味精 3 克，酱油 10 克，醋 5 克，香油 3 克，料酒 10 克，清水 1 000 毫升。

（3）制作方法。

将虾枪、腿、须剪去，剪开虾背挑出虾线、沙袋，清洗干净。

葱择洗干净，切片；5 克姜去皮清洗干净，切片，另 5 克姜与蒜去皮清洗干净，切成茸。

在锅内放水以及葱、姜、盐、花椒、料酒煮沸，倒入虾用大火烧开，煮熟后将汤和虾一起倒入盆内浸泡、晾凉。

姜蒜放在小盘子里，加入味精、酱油、醋、香油搅拌均匀制成调味汁。

将晾凉的虾拣出，放在盘子里与调味汁一同上桌食用。

（4）注意事项。煮制时间不能过长，一般待水烧开后再煮制 10 分钟即可。

2. 鲫鱼汤

（1）主料准备。鲫鱼 250 克。

（2）调料准备。大油 50 克，料酒 20 克，盐 7 克，醋 20 克，鸡精 5 克，胡椒粉 0.2 克，葱 5 克，姜 5 克，香菜 20 克，清水 600 毫升。

（3）制作方法。

鲫鱼刮鳞、去鳃、去膛后洗净待用。

葱、姜、香菜清洗干净，葱切段，姜切片，香菜切末。

将锅上火放入大油烧热，放入鲫鱼煎至两面外皮微黄。

在锅中放入清水旺火烧开，加入葱、姜、盐煮至汤色乳白、呈黏稠状时，加入鸡精、料酒再煮 2~3 分钟，滴入食醋离火。

在汤盆里放入香菜末、胡椒粉，把煮好的鲫鱼汤冲入汤盆即成。

（4）注意事项。

收拾鲫鱼时一定要把鱼鳞、鳃和内脏去掉，并用清水冲洗干净。

加入鸡精后煮制时间不能超过 3 分钟。

成品入盆前要先将香菜和胡椒粉放在盆里，然后将煮好的汤冲进去。

七、煎制菜肴

1. 葱味猪排

（1）主料准备。猪排 250 克。

（2）配料准备。洋葱 50 克，鸡蛋半个。

（3）调料准备。料酒 15 克，酱油 10 克，盐 5 克，味精 5 克，白糖 15 克，水淀粉 20 克，植物油 30 克。

（4）制作方法。

将猪排洗净、沥干水分，切成均匀的 5 块，用刀背将肉捶松、捶扁，装入碗内，放入盐、酱油、白糖、味精、鸡蛋、水淀粉，拌匀腌渍。

将洋葱洗净、剥皮，切成片状。

将炒锅放到中火上，放入少许植物油，待油温达到七成热时，将洋葱片、猪排下锅，待猪排两面煎至微黄时，加入少许料酒，装盘即可。

（5）注意事项。洋葱里的酶会催人泪下，如果在开着的水龙头下切洗洋葱，酶分子会在水里流失，可避免眼睛受酸辣的刺激。

2. 煎蛋脯

（1）原料准备。芹菜 30 克，鸡蛋 4 个。

（2）调料准备。盐 5 克，味精 5 克，葱花 10 克，植物油 30 克。

（3）制作方法。

将蔬菜择洗干净，沥干水分，切成黄豆般大的粒备用。

将炒锅放火上烧干水分，倒入植物油 10 克烧热，放入葱花 5 克，煸炒出香味后，投入蔬菜翻炒。

当蔬菜炒至断生时放入盐和味精翻炒均匀，直到没有水分时即可出锅。

将炒好的蔬菜放入大碗里，打入鸡蛋，放入余下的葱花搅拌好备用。

平底锅烧热，放入植物油烧热后倒入搅拌均匀的鸡蛋，用铲子不停地向四周把鸡蛋摊成一个大圆形。

以中火将鸡蛋煎至一面呈金黄色时翻过来煎另一面，亦呈金黄色即可起锅装盘。

（4）注意事项。煎蛋脯时不能用大火，以免蛋脯表面焦煳，而蔬菜未见成熟。

3. 土豆肉卷

（1）主料准备。猪里脊肉 250 克，土豆 200 克。

（2）调料准备。花生油 50 克，葱 5 克，姜 5 克，酱油 10克，水淀粉 20 克，盐 5 克，鸡精 5 克，米酒 20 毫升，高汤适量。

（3）制作方法。

将里脊肉清洗干净，切成薄片，然后加盐、酱油、鸡精、米酒稍稍腌一腌。

将土豆去皮清洗干净后切成比肉片厚一点的条，然后用水煮 1 分钟后捞起。

将葱、姜洗干净后切成末。

将肉片摊开，均匀地抹上水淀粉，肉片上放 3~4 个土豆条卷成筒状。

在平锅里放入花生油烧热，把肉卷放到油里煎至两面变色，起锅装盘。

在炒锅中放入花生油烧热，放入葱姜末炒香，放入高汤、酱油、米酒、鸡精做成浓汁倒在煎好的肉卷上即可。

（4）注意事项。肉片上一定要均匀地涂抹水淀粉，以保证肉卷可以牢固地黏在一起；煎制肉卷时要留 10 克左右花生油，以供制作调味汁时使用。

第四节　一般主食制作

一、烤制主食

烤就是把生的食品原料置于烤箱中，利用烤箱的高温把食品烘烤成熟的方法。一般多用于制作面类制品。

1. 操作程序

(1) 和面团（发酵面团、油酥面团、水油面团），准备好馅料（甜馅或咸馅），备好烤盘、面板、面杖、模具。

(2) 根据制作的品种（面包、桃酥、蛋糕、油酥烧饼）下剂、包馅、成型，准备烤制（面包面团要饧发片刻）。

(3) 烤箱通电或点火升温，面坯码入烤盘，放进烤箱进行定时烘烤，到时立即出炉。

2. 操作要点

(1) 准备用具。面板、面杖、模具要求清洁、无面痂，烤盘、烤箱清洁、无油渍。面板、面杖有面痂会影响成品外观，烤箱和烤盘内的油渍在烘烤中易遇高温发烟，使食品沾染烟味。

(2) 和面。面粉要新鲜且要过箩筛匀，保证面粉不含有面痂。水与面、油、糖、酵母的比例要准确恰当，面团要充分揉匀，面团含水量要恰当，含水量多少均会影响食品的质地。有的面团要经过充分的饧发。

(3) 调制馅料。肉质一定要新鲜，肥瘦适当，调味恰当，打水适量且搅拌方法正确。肉质不新鲜会影响馅的味道，肉肥瘦比例不合适口感或腻或柴，馅含盐量多少会影响肉馅的鲜味。甜馅中的果料要认真挑选，防止有油脂酸败的果料拌入馅心。

(4) 恰当掌握烤箱温度。烤箱温度过高容易外煳内生，烤箱温度过低则食品外形干瘪，颜色浅白不好看。

（5）包酥食品抹酥要均匀，外皮薄厚一致，馅心要正，包口要严，外形整齐一致。

二、烙制主食

烙就是把饼铛烧热，放入成形的面坯，通过饼铛传热使食品成熟的方法。

1. 操作程序

（1）和制面团（发酵面团、油酥面团、水面团、粉浆面团等）。

（2）准备好馅料（甜馅或咸馅），备好饼铛、面板、面杖。

（3）面团饧片刻，根据制作的品种下剂、包馅、成型。

（4）饼铛烧热，刷少量底油，放入成型的面坯，掌握好温度，边烙边对铛中的食品进行翻转，待两面有均匀的金黄色铛花时立即下铛。

2. 操作要点

（1）用具要求。面杖要求干净清洁、无干面痂，饼铛要求清洁、内外无油渍。面板、面杖有面痂会影响成品外观，饼铛的油渍易使食品产生油脂酸败味道。

（2）和面要求。面粉要新鲜，且要过箩筛匀，保证面粉不含有面痂。水与面的比例恰当，不同面团所用的水温度要恰当，面团要充分揉匀、饧透，面团含水量要恰当。水温不符合要求会影响食品口感，面团没有揉匀、饧透也会降低面的筋性，影响食品的口感。

（3）调馅料要求。肉质要新鲜、肥瘦适当，调味要恰当，打水要适量且搅拌方法正确。肉质不新鲜会影响馅的味道，肉肥瘦比例不合适口感会变柴或腻。馅的含盐量多少也会影响肉馅的鲜味，过咸还会影响身体健康。肉馅打水过多，成品易变形，易掉底、溢汤；水过少，馅心嫩度会下降。搅拌肉馅无规律会减少肉的吃水量，影响嫩度。甜馅中的果料要认真挑选，防止有油脂酸败的果料拌入馅心。

（4）烙制食品时刷油不能过多，应边烙边移动锅位，边翻转食品，避免火力不匀造成中间焦煳、四周夹生。烙制大馅饼时，要待铛底面的面坯基本熟了再翻面，避免露出馅。

（5）掌握恰当的火力，铛温不能过高或过低。铛温过高容易外煳内生，铛温低容易把食品烙干。

三、蒸制主食

1. 蒸制肉丸

（1）原料准备。面粉 500 克，猪板油 150 克，大葱 100 克，姜 5 克，植物油 20 克，香油 20 克，味精 3 克，盐 3 克，酵母10 克。

（2）制作方法。

面粉中放入酵母粉，用 60℃左右的温水 300 克和成面团，放置面盆中盖上潮湿的布饧发 20 分钟左右，制成饧面团。

将猪板油剥去薄膜，清洗干净，切成 0.4 厘米见方的丁。

葱、姜清洗干净，葱切成葱花，姜切成末。

把猪板油丁加葱花、姜末、味精、盐、香油搅拌成脂油馅。

将饧透的面团搓成条，揪成 10 个大小均匀的剂子，撒上面干逐个按扁，用擀面杖擀成长薄片，抹上脂油馅，卷成卷封好口，制成肉丸坯。

将肉丸坯放进蒸笼，再将蒸笼置于大火上烧至上汽，改中火蒸约 20 分钟即可。

（3）制作要点与注意事项。

油不可过多，肉丸要厚薄均匀。

火力要大，不可中途打开锅盖。

蒸熟后打开锅盖时不要被蒸汽烫伤。

2. 蒸制花卷

（1）原料准备。面粉 500 克，温水 200~250 克，酵母 5 克，绵白糖 30 克，花生油 30 克，细盐 10 克，葱花 25 克，花椒粉 5 克。

（2）制作方法。

将酵母放到小碗里，并放入温水 50 克，将酵母稀释开。

将 450 克面粉放在面盆里（另外 50 克面粉留作面干），倒入稀释好的酵母水、绵白糖，然后将余下的 200 克温水慢慢倒入盆里，边倒边用筷子搅拌面粉，使得面粉加水搅拌均匀。

面粉加水搅拌均匀后将面揉在一起，反复揉搓使其成团，然后将面团倒在面板上反复揉搓至表面光亮，再将面团放回面盆里，在面团上蒙上潮湿的纱布或锅盖或保鲜膜，以尽可能使面团不接触空气，从而保证面团表皮不被风干，此即为发面。夏天一般需要 1 小时左右，而冬天则需要 2 小时以上方可将面团发透。

将葱花、花椒粉、盐均匀地分成 5~6 份（面团分成几个剂子，调料就分成几份）。

将发酵好的面团取出放在面板上（面板上要均匀地撒上一层薄薄的面干）揉搓，如果面团较软可以边揉边掺入少量的面干，然后将面团均匀地分解成 5~6 个剂子。

将揉好的面剂用擀面杖擀成 0.2~0.3 厘米厚的薄片，然后在面片上均匀地刷上薄薄的一层花生油，再将葱花、盐、花椒面逐份均匀地撒在上面。

将面片逐个从一头卷向另一头，卷好后把边压实。然后用手拿起面坯的两头并轻轻拉开，使得中间稍薄，此时顺势将面坯两头反方向拧转一圈，并从中间对折起来，使面坯两头黏合在一起，并用力捏紧，花卷坯即做好了。

将花卷坯均匀地码放在笼屉里，盖上笼屉盖。蒸锅里放入2 000毫升左右冷水，将笼屉平稳地置于其上对花卷面坯进行二次发酵，时间10分钟左右。

二次发酵完成后将蒸锅置于火上，大火将水烧开至上汽，继续蒸20分钟左右即可。

（3）制作要点与注意事项。

和面讲究三光，即面光、盆光、手光。

面团发酵要透，面皮薄厚、刷油、涂抹调味料都要均匀。

要保证花卷面坯成型后软硬适当，确保花卷坯不会瘫软。

蒸制时火力要大，蒸制过程中不能中途打开锅盖。

蒸制好后，打开锅盖时要注意安全，避免被蒸汽烫伤。

第三章　家居保洁

家居保洁是家政服务员的基本功、必修课。只有掌握相关规律，做起工作来才能事半功倍。在保证保洁质量和设备工具的良好状态下，家政服务员应根据雇主家的设施、设备、用具的情况和自己的时间合理安排做好保洁工作。

第一节　熟悉保洁用品

一、保洁工具

吸尘吸水机、洗地机、鸡毛掸子、玻璃套装工具、扫帚、水刮、涂水器、伸缩杆、梯子、清洁桶、清洁球、高压喷瓶、百洁布、布草车、扫地车、吹干机、吸尘器、吸尘袋、大水箱洗地机、清洗机、电动尘推车、清洁剂、酒精、棉花棒、螺丝起子等。

二、保洁用品

（一）家庭清洁用品

拖把、尘推、扫帚、簸箕、垃圾袋、垃圾篓、垃圾桶、清洁刷、手套、鞋套、清洁剂、擦巾、卫浴用品、百洁布、百洁垫、清洁球、泡棉、玻璃擦、鸡毛掸、漂白剂、地板清洁用品、口罩、卫士护理用品、棉签、牙刷、去异味檀香系列产品、空气清洁用品、吸尘器、刮窗器等。

（二）家庭清洗用品

洗涤用品类：各类洗衣粉、洗衣乳、水洗剂、肥皂、香皂、药皂、增白皂、皂粉、洗发精、沐浴液、牙膏、洗洁精、清洗剂、洗涤剂、洗手液、洁厕液、各种污渍处理剂等。

洗衣用品类：衣架、衣夹、塑料衣架、木衣架、金属衣架、植绒衣架、折叠衣架、裤架、晾晒篮、晾衣绳、洗衣刷、衣帽刷、挂钩/粘钩、洗衣篮、洗衣袋、熨烫衣板、盆、桶等。

第二节　做好保洁计划

一、厨房大厅

负责做中、晚餐。

每日都要对厨房、餐厅的地面、台面清洁干净，无油污、污垢、异味。

每天清洁生活垃圾，用塑料袋装好丢弃在指定位置。

每天保持餐具、厨具、炊具、茶具等日用品的清洁、物品摆放整齐。

随手整理家中的杂物、保持户主各类物品分类的放置整洁、有次序。

每一个月用消毒清洁液彻底清洁抽烟机、微波炉、冰箱等厨房电器一次。

一周内不使用到的物品不堆放在公共场所，统一摆放到指定杂物间。

卫生间保持清洁、无积水、异味、污垢，物品摆放整齐。

对景观鱼的日常喂养护理，每月清洁、换一次鱼缸水。

二、家庭住宅

每日清洗、晾晒、整理好衣物，晾干的衣服收回叠好放置相应衣柜。

保持居室干净、整洁，每日对各房间、大厅的清扫，物品摆放整齐。

每日对地面、桌面的清洁整理。

每月大扫除一次。用清洁液擦洗窗户、走廊、地面、桌面。

每月清洁更换 2 次常住房间的床单、被单、枕头巾，如遇气候变化，及时更换适合的床上用品。

每 3 个月清洗一次窗帘。

每月一次对杂物间物品、衣服的分类、整理。

第三节　掌握保洁方法

一、地面清洁

1. 前期准备

（1）明确清扫任务、地面类型、受污情况。

（2）准备清洁工具，如笤帚、拖把、抹布、水桶、簸箕、吸尘器、清洁剂等。

2. 正确的清扫擦拭方式

（1）用笤帚清扫地面。笤帚轻拿轻放、控制高度，距离地面≤30°，避免扬尘。

（2）用拖把清洁地面。清洁之前，清洗拖把，拧干水分，按从左至右或从右至左、由前到后的顺序用力倒退擦拭。

（3）用吸尘器清洁地面。吸尘口水平贴于地面，按顺序

（同拖把）不停地移动直至将地面清洁干净。

3. 清扫及擦拭的基本顺序

无论清扫、擦拭都应当按照从里到外，由角、边到中间，由小处到大处，由床下、桌底到居室较大的地面，倒退着向门口的顺序进行。

4. 注意事项

（1）使用洒水等方式减少扬尘。

（2）使用拖把时，要及时清洗拖把，刚擦完地最好不要进入。

（3）清扫过程中，搬动家具要特别小心，防止碰撞，以免损伤漆皮或边角。

（4）家用吸尘器一般不要连续使用超过 1 小时，以免烧坏，且不能吸液体、黏性物体和金属粉末。

5. 相关知识

（1）地板砖的清扫常识。地板砖可直接用笤帚或拖把清扫，也可用吸尘器直接清洁地面。但要注意，地板砖吸水性差，使用拖把一定要拧干，防止滑倒。

（2）地板的清扫常识。实木地板不允许用湿拖把拖地或用碱水、肥皂水擦洗。

（3）地毯的清洁常识。小块地毯可以直接拿起拍打，让尘土掉出，并用滚动的刷子梳理，再用吸尘器清洁；面积较大的可直接用吸尘器清洁。

二、家具的清洁与保养

家具清洁的基本方法是先擦净处，由高向低，由上到下，由里到外，先桌面后桌脚，遇到饰品、装饰物时，先擦拭后

摆放。

木制家具在清洁时，怕潮、怕烫、怕磕碰。处理油污时，可以用抹布蘸剩茶水或洗涤灵擦拭，再用干净抹布反复擦拭，千万不能用开水或碱水擦洗，以防脱漆。家具上有水渍痕迹时，可用潮湿的布盖在水印上，然后用熨斗小心地按压湿布数次，促使水蒸发，消除水渍痕迹。

皮革家具可用擦拭的软布或吸尘器将表面污物、灰尘清除干净，如有局部不溶于水的污垢，可用中性清洁液在局部擦洗，再用清水擦洗干净。禁止使用酒精擦洗。

布艺家具可先用吸尘器或干净毛巾将表面或缝隙里的灰尘和污物处理干净。再将毛巾浸入配置好清洁剂的水里，充分吸收后拧干，从上往下擦拭，再用清水清洁一遍。若局部有擦拭不掉的污迹，可用湿毛巾在上面闷一会儿，再擦拭。清洁完成后，用吹风机将布艺家具吹干。

三、厨房清洁

厨房是家政服务员的工作场所之一。整洁的厨房环境不仅是家政服务员认真工作的结果，更为家庭成员的身体健康提供保障。

1. 餐具的清洁

一般餐具可用清水直接冲洗干净，擦干后放好待用。清洗顺序是先洗不带油后洗带油的餐具，先洗小件，后洗大件餐具，先洗碗筷后洗锅盆，边洗边放。小孩和病人的餐具应单独洗涤摆放。

2. 炊具及厨房环境的清洁

（1）铁质炊具容易生锈，用完后马上清洗，并用净布擦干。

（2）铝制炊具可趁热擦洗。不可使用盐水或碱水擦洗，更不能用铁刷刷洗。

（3）不锈钢炊具使用后及时清洗、擦干，放在通风干燥处；

不要用硬质物擦洗，以免划伤。

（4）刀具长期不用时，应在表面涂一层油（如用猪皮擦刀的表面），以防生锈。已生锈的，可浸在淘米水中，然后擦净除锈，也可用萝卜片或土豆片或葱头片除锈。案板最好是用木制的，但要经常洗刷浇烫，每次用完，最好置一通风处晾干，以防产生霉菌。

（5）碗柜是存放餐具的地方，应注意保持干净，避免二次污染。每日可用干净抹布擦拭表面和隔层，并定期将柜内物品取出，彻底清洁一次。

（6）煤气灶与液化气灶的清洁。由于使用环境恶劣，它们最容易沾上污渍且难以清洗。因此，最好的方法是使用后及时清洁，随用随擦。用废纸擦拭效果要好于抹布。油腻比较严重时，可使用肥皂水、洗洁精等擦洗。还可用面汤涂在污处，5分钟后用刷子清洁即可。当然，使用专门的清洁剂效果更好。

（7）油污纱窗卸下后用水浸湿，加上洗涤剂洗刷，最后用清水冲净，并晾干。

（8）油污玻璃使用专门的清洁剂擦拭要容易得多。

（9）厨房地面若有较多油污，可在拖把上倒一些醋再拖地，地面就可以擦得很干净。若是小面积的污渍，可用布蘸点碱水擦拭。用洗涤灵也可除去地面污渍，但要及时用清水洗净。

四、卫生间的清洁

不同家庭的卫生间格局有所不同，但基本设施大致相同，家政服务员在对卫生间进行清洁时，可从以下几方面着手。

一是墙面清洁。一般卫生间的墙面和地面都是瓷砖或地板砖，可直接用海绵或毛巾在加入去污粉或洗涤灵的水中蘸湿、擦拭，擦完后用清水冲净，并用干布擦净即可。

二是水池、水盆清洁。先用去污粉等进行擦洗，擦洗完后用消毒液消毒。

三是马桶的清洁。首先在马桶内放入适量的水，拿马桶刷清洗一遍，再倒入5~10毫升的卫生间清洁剂或盐酸液用刷子涂匀后刷洗。如果污垢较重，可将清洁剂倒入，浸泡几分钟后刷洗干净。

四是用拖把将地面擦拭干净，不要留有水渍，防止滑倒。

五是厨房和卫生间要经常打开窗户通风换气，防止物品霉变。

五、家居美化

在做好家庭清洁的同时，如何利用有限资源让我们的家庭变得更加美丽，也是一位优秀家政服务员所具备的能力之一。

1. 用家具美化家居

家具是每一个家庭环境中必不可少的组成部分，家政服务员较少有机会直接参与到雇主家家具选择的过程中。若有参与机会，可提醒雇主注意以下两点。

（1）与环境协调。家具的观赏性必须要与居室的整体风格、色彩、面积等方面协调一致。

（2）符合实际需要。家具除了具有美化居室的作用外，主要是为了满足个人和家庭的实际需要。因此，选择家具需要从实际出发，兼顾实用性、观赏性，以实用性为主。

2. 用饰品美化家居

在摆放饰品饰物时，应根据环境的整体气氛，充分发挥居室环境的潜在美感。

（1）大小适合，内容恰当，色调和谐。例如，卧室内则可悬挂幅面不太大的画，以亲情为主，充满温馨；客厅餐桌上方可挂静物写生画，同时又摆放上实用的碗、杯、瓶等，只要配置和谐，会有特别的情调。

（2）根据雇主喜好精心布置。在了解雇主喜好的情况下，合理利用现有的饰品资源，会有意想不到的收获。

3. 用植物美化家居

现代人常常会用鲜花、绿色植物等装饰自己的家。家政服务员应了解一些常见植物的特性，以提高自己的服务质量。

（1）吊兰。在卧室摆放植物首推吊兰。据测定，一盆吊兰24小时内可将室内的一氧化碳、二氧化硫、氮氧化物等有害气体吸收干净，起到空气过滤器的作用。

（2）绿萝。绿萝不仅能有效吸收有害气体，且其蔓茎自然下垂，萝茎细软，叶片娇秀，具有很高的观赏性。

（3）虎尾兰，龙舌兰。其具有吸收甲醛的功效，卫生间湿气大，宜放盆虎尾兰，能吸湿、杀菌。

（4）芦荟。一盆芦荟相当于9台生物空气清洁器。当室内有害空气过高时，芦荟的叶片就会出现斑点，这就是求援信号。只要在室内再增加几盆芦荟，室内空气质量又会趋于正常。

（5）文竹。文竹含有的植物芳香有抗菌成分，可以清除空气中的细菌病毒，具有保健功能。所以，文竹释放出的气味有杀菌抑菌之力，是消灭细菌和病毒的防护伞。

（6）富贵竹。富贵竹是适合卧室的健康植物，可以帮助不经常开窗通风的房间改善空气质量，具有消毒功能。富贵竹有效地吸收废气，使卧室的私密环境得到改善。

（7）君子兰。君子兰能释放氧气，是吸收烟雾的清新剂。特别在寒冷的冬天，由于门窗紧闭，室内空气不流通，君子兰会起到很好的调节空气的作用，保持室内空气清新。

第四章　衣物洗涤与整理

第一节　洗涤衣物

一、各种织物服装的洗涤

1. 棉织物

棉织物的耐碱性强，不耐酸，抗高温性好，可用各种肥皂或洗涤剂洗涤。洗涤前，可放在水中浸泡几分钟，但不宜过久，以免颜色受到破坏。贴身内衣不可用热水浸泡，以免使汗渍中的蛋白质凝固而黏附在服装上，且会出现黄色汗斑。浅色棉织衣物变黄，可以在水中加洗洁剂一起煮 20～30 分钟，再以清水搓洗即可恢复原貌。

用洗涤剂洗涤时，最佳水温为 40～50℃。漂洗时，可掌握少量多次的办法，即每次清水冲洗不一定用很多水，但要多洗几次。每次冲洗完后应拧干，再进行第二次冲洗，以提高洗涤效率。应在通风阴凉处晾晒衣服，以免在日光下暴晒，使有色织物褪色。

2. 麻织物

麻纤维刚硬，抱合力差，洗涤时要比棉织物轻些，切忌使用硬刷和用力揉搓，以免布面起毛。洗后不可用力拧绞，有色织物不要用热水烫泡，不宜在日光下暴晒，以免褪色。

3. 丝绸织物

丝绸织物洗前，先在水中浸泡 10 分钟左右，浸泡时间不宜过长。忌用碱水洗，可选用中性肥皂或皂片、中性洗涤剂，洗液以微温或室温为好。洗涤完毕，轻轻压挤水分，切忌拧绞，应在阴凉通风处晾干，不宜在日光下暴晒，更不宜烘干。如果有汗液，则不能过夜。

4. 羊毛织物

羊毛不耐碱，故要用中性洗涤剂或皂片进行洗涤。羊毛织物在 30℃ 以上的水溶液中会收缩变形，故洗涤温度不宜超过40℃。通常用室温（25℃）水配制洗涤剂水溶液，洗涤时切忌用搓板搓洗，即使用洗衣机洗涤，应该轻洗，洗涤时间也不宜过长，以防止缩绒。

洗涤后不要拧绞，用手挤压除去水分沥干。用洗衣机脱水时以半分钟为宜。应在阴凉通风处晾晒，不要在强日光下暴晒，以防止织物失去光泽和弹性以及引起弹力的下降。

5. 黏胶织物

黏胶纤维缩水率大，湿强度低，湿强度只有干强度的 40% 左右。水洗时要随洗随浸，不可长时间浸泡。黏胶纤维织物遇水会发硬，洗涤时要轻洗，以免起毛或裂口。用中性洗涤剂或低碱洗涤剂，洗涤液温度不能超过 45℃。洗后，把衣服叠起来，大把地挤掉水分，切忌拧绞，忌暴晒，应在阴凉或通风处晾晒。

6. 涤纶织物

先用冷水浸泡 15 分钟，然后用一般合成洗涤剂洗涤，洗液温度不宜超过 45℃。领口、袖口较脏处可用毛刷刷洗。洗后漂洗干净，可轻拧绞，置阴凉通风处晾干，不可暴晒，不宜烘干，以免因热生皱。

家政服务员

7. 腈纶织物

基本与涤纶织物洗涤相似，先在温水中浸泡 15 分钟，然后用低碱洗涤剂洗涤，要轻揉、轻搓。厚织物用软毛刷洗刷，最后脱水或轻轻拧去水分。纯腈纶织物可晾晒，但混纺织物应放在阴凉处晾干。

8. 锦纶织物

先在冷水中浸泡 15 分钟，然后用一般洗涤剂洗涤（含碱大小不论）。洗液温度不宜超过 45℃，洗后通风阴干，勿晒。

9. 维纶织物

先用室温水浸泡一下，再用一般洗衣粉洗涤，切忌用热开水，以免使维纶纤维膨胀和变硬甚至变形。洗后晾干，避免日晒。

10. 羽绒服装

羽绒服装可以干洗也可以水洗。水洗时先用冷水浸泡润湿，再挤出水分，放在 30℃ 左右的洗衣粉中浸透，然后把服装平摊在台板上，用软毛刷刷洗。洗好后用清水漂清，再将服装摊平，用毛巾盖上，包好后挤出羽绒服的水分，也可以将其放入网兜沥干水分。最后用衣架将羽绒服挂于阴凉通风处晾干，待羽绒服干透后，用小棒轻轻拍打，使其蓬松，恢复原样。

11. 毛衣

在洗涤前，应先拍去毛衣上的灰尘，把毛衣放在冷水中浸泡 10~20 分钟，拿出后挤干水分，放入洗衣粉溶液或肥皂片溶液中轻轻搓洗，再用清水漂洗。为了保证毛线的色泽，可在水中滴入 2% 的醋酸（食用醋亦可）中和残留在毛衣中的肥皂。洗净后，挤去毛衣中的水分，抖散，装入网兜，将毛衣挂在通风处晾干，切忌绞拧或暴晒毛衣。

12. 蚕丝被

蚕丝被内胎不可水洗和干洗。使用时请用被套等外罩物，以保护蚕丝被。

二、服装的除渍

1. 墨渍

如果一旦沾上墨渍，应立即用肥皂洗涤，否则难以去除。一般常取米饭、粥等热淀粉加少许食盐用手揉搓，再放到温肥皂水中搓洗。如果是陈渍可用4%的大苏打液刷洗。如果浅色织物上有残渍，一方面可用上述方法重复几次，另一方面可以用较浓的肥皂的酒精液反复擦洗，后用清水漂净。

2. 黑墨水渍

可先用甘油润湿，然后用四氯化碳和松节油的混合液搓洗，再用含氨的皂液进行刷洗，最后用清水漂净。如果还有残渍，可用上述方法重复几次。

3. 红墨水渍

可先放在冷水中浸泡较长时间，然后在皂液中搓洗，最后用清水漂净。也可先用甘油将织物润湿，约10分钟后用含氨水的浓皂液刷洗，最后用清水漂净。如有陈渍，可用上述方法重复几次。

4. 蓝墨水渍

先把衣服浸湿，然后涂上高锰酸钾稀溶液，且边涂边用清水冲洗，当污渍色泽从蓝色变成褐色时，可涂上2%的草酸液冲洗，最后用清水漂净。

5. 铅笔渍

如果弄上铅笔渍应立即用橡皮擦，然后用肥皂洗，最后用

水漂净。也可以先用酒精液擦洗，最后用清水漂净。如果有残渍，可用太古油2份、氯仿1份、四氯化碳1份，氨水1/2份的混合液进行搓洗，最后用清水漂净。

6. 彩色铅笔渍

一般采用干洗除渍，如果留有残渍可先用石脑油充分润湿，然后加几滴松节油，再用汽油进行搓洗，最后用清水漂净。

7. 蜡笔渍

一般用汽油可揩去，也可以用肥皂的酒精溶液洗除。如果还有残渍，可先用松节油后用汽油揩除。

8. 汗渍

除毛、丝织物外，可先把织物浸泡在氨水液中，使汗渍中的脂肪质有机酸与氨水中和，然后用清水清洗，最后用苯去除汗渍中的脂肪渍，再用清水漂净。如果是毛、丝织物的汗渍，则用柠檬酸或1%的盐酸液洗涤，然后用清水漂净，切忌用氨水；如果是白色织物中留有残渍，可用3%的双氧水漂白。如果还留有臭味，可先用温水浸泡，然后再浸泡在10%的醋酸中片刻，取出后用水漂洗，再用蛋白质酶化剂温湿处理约2小时，最后清水漂洗即可除臭。

9. 颈后领垢污渍

可用汽油等挥发性油剂擦除，也可用"衣领净"等洗涤剂进行搓洗，最后用清水漂净。

10. 血渍

切忌用热水洗，因为血遇热会凝固黏牢。丝、毛织物上的血渍可先在冷水中或稀氨液中浸泡，然后再用皂液洗净，清水漂净，如果仍有残渍，可用蛋白质酶化剂温湿处理，然后用肥皂洗，最后用清水漂净。其他织物上染的血渍可用冷水或肥皂的酒精液洗涤，如果仍有残渍，可先滴双氧水在血渍处，然后用肥皂的酒精液洗除，最后用清水洗净。

11. 铁锈渍

轻微污渍用热水即可去除。蛋白质纤维织物上有铁锈渍，可用草酸和柠檬酸的混合水溶液稍加热后涂在污渍上，然后清水漂净；纤维素纤维织物上有铁锈渍，可用食盐和醋酸的混合液涂在污渍上，等 30 分钟后再清洗，如果仍有残渍，可用上述方法重复几次直至去除为止。

12. 焦斑渍

焦斑渍严重，则只能用织补处理。焦斑渍轻微，可把纤维素纤维织物放在阳光下暴晒，刷除焦斑后用 3% 的双氧水喷水，稍等片刻再用清水洗净，然后将织物在阳光下晒几天，如果仍有残渍，可用 3% 的双氧水漂白；蛋白质纤维上的轻微焦斑渍可用肥皂液清洗，如果仍有残渍，可重复几次；白色织物上有焦斑可用 2% 的双氧水进行漂白，也可先浸泡在含有硼酸钠的肥皂液中若干小时，取出后用清水漂净。

13. 霉斑

新霉斑可用热的肥皂液刷洗。亚麻织物沾上霉斑可用次氯酸钙漂白液洗涤，等霉斑消失后再水洗。如果是霉斑的陈渍，蛋白质纤维和合成纤维织物可用氨水进行洗涤，然后涂上高锰酸钾溶液，最后用亚硫酸氯钠溶液水洗；白色织物可用 3% 的双氧水进行漂白处理；有色织物可用 15% 的酒石酸搓洗，最后用清水漂净。

14. 油漆渍

一旦沾上油漆渍应尽快除去，否则变成陈渍则难以去除。毛、丝织物和合成纤维织物上沾有油漆渍，可用氯仿与松节油或松节油与乙醚的等量混合液搓洗。如果是油漆的陈渍，则除此之外，还要用苯、石脑油或汽油搓洗，可重复几次。纤维素纤维织物则可选用苯、石脑油、汽油、火油、松节油、肥皂的酒精液擦洗，再用肥皂液搓洗，最后用清水漂净。

15. 鞋油渍

可用汽油、松节油或酒精擦除，再用肥皂洗净，最后用清水漂净。

第二节　整理、收纳衣物

一、不同质料衣物的处理方法及保养常识

（一）常见质料名称中英文对照

常见质料名称中英文对照如表4-1所示。

表4-1　常见质料名称中英文对照

中文名称	英文名称
棉	cotton
麻	linen
羊毛	wool
丝	silk
人造丝	rayon
尼龙	nylon
聚酯纤维	polyester fibers
丙烯酸纤维	poly acrylic acid fiber
醋酸纤维	cellulose acetate
真皮	corium
人造皮	artificial leather
丝绒或天鹅绒	velvet

（二）常用的衣物清洁剂及其用途

洗衣物时，必须针对不同的质料使用适当的清洁剂（表4-2），这样，才可以达到最理想的清洁效果。

表4-2　常见衣物清洁剂及其用途

序号	清洁剂	用途
1	洗衣皂	洗刷衣领和袖口的污渍
2	洗衣液	用于洗质料精细的衣物，如丝料、毛料和婴儿衣服等
3	生物清洁剂	可除去衣物上的蛋白质污渍，除去衣物上较顽固的污渍和油渍
4	强力洗衣粉	用于一般的家庭，可除去衣物上较顽固的污渍和油渍
5	漂白水	一种强力的漂白剂，使用时必须稀释，并且要戴上手套，以免伤害皮肤。衣物洗涤标签上有Cl符号的衣物可使用这种漂白剂，一般只适用于未经防缩防皱处理的白色棉质或麻质衣物
6	预洗剂	沾有顽固污渍的衣物可先在污渍上喷上预洗剂。约5分钟后再依照一般的方法洗涤，顽固污渍便很容易清除
7	衣物柔顺剂	有液体剂和片状剂，在洗衣的最后一次过水时加入，使衣物的纤维松软，晾干后柔顺易熨，并且减低衣物的静电作用。特别适合毛、丝和棉质衣料的衣物

二、衣物处理方法及洗熨技巧

（一）洗衣前的准备工作

1. 整理衣物

不论用手洗还是机洗，请先按照下列方式准备就绪。

（1）将清洗时容易伤害到其他衣物的拉链、纽扣、铜丝、钩扣等扣好。

（2）将松散或掉落的扣子钉上，修补好裂缝。

（3）将口袋里的东西掏干净。

（4）刷去污物，尤其是干泥。毛发可以用胶带去除，只要将一条胶带按在衣服上，再撕下来，毛发就会被它粘落。

（5）将丝带、围裙带等各种线带把平。

（6）如果老是丢失短袜，可事先用衣夹将每双夹在一起。

（7）颜色相同及洗衣程序相同的衣服各自归类。

（8）如果衣服没附处理标签，最好将它放在慢速循环的冷水中搅拌，或以手洗，或根据经验选择性送去干洗。

2. 测试衣料会不会褪色

将新的衣物与其他颜色的衣物混在一起洗前，应先试它会不会褪色，可以测试衣服较隐秘的地方，如腋下或衣角的缝块。步骤如下。

（1）将一团棉花或棉纸弄湿，放在衣物上 5 分钟。

（2）如果棉花或棉纸染上任何颜色，则将衣物个别洗或干洗。

（3）颜色没扩散的话，只要你不是用最热的水洗，就可以与白色或其他颜色的衣物一起洗。

3. 预洗

仔细翻看每件衣服，必要时需先处理污渍。市面上有很多品牌的去渍品，在洗涤前可以除去大部分的污渍。你可以用液体喷剂或一种特殊的肥皂棒擦在污渍上，对付衣领和袖口上的污渍，如化妆品、调味酱、酒、亮光蜡、发胶、化学药品、蛋、咖啡、沙土、面霜等。也可以用粉笔用力擦，因为粉笔可以吸油，一般油渍去除后，污积很快就可以除去。

4. 浸泡

（1）较为有效的预洗方式是在洗涤前，将衣服浸泡在洗涤剂中一段时间。

（2）对于顽性的渍痕，在浸泡前先擦上洗涤剂。

（3）把衣服放入水槽里或使用液体清洁剂时，确定让清洁剂完全溶解。

（4）不要将白色和有色的衣物泡在一起。

（5）丝、羊毛、皮革、耐火织物、会褪色或只能晾干、不能烘干的衣服不浸泡。

（二）不宜用洗衣机洗的衣物的洗法

洗衣时，你千万不要把所有的衣物丢到洗衣机里去洗，因为有些衣物是不能用洗衣机洗的，否则将得不偿失，不宜用洗衣机洗的衣物应采取如下妥善的方法。

1. 丝绸衣物

丝绸衣物脏了，可放在冷水中加洗涤剂，用手反复揉搓几次就可以了。

2. 嵌丝衣料服装

只宜放在35℃左右的中性肥皂液或合成洗涤液中浸泡，泡透后用手翻动几次，待脏物洗掉后用清水漂洗，挂在衣架上，让其自然滴水晾干即可。

3. 毛料衣服

毛料衣服宜干洗，不宜在洗衣桶中水洗。

4. 沾有汽油的工作服

这类衣物万万不可在洗衣机内洗。这是因为汽油易燃、易爆，不但油污扩散后污染、腐蚀洗衣机，还有可能因运转中的洗衣机出现打火现象而引起爆炸。

（三）手工洗衣

手洗衣物首先应做到衣物勤洗、勤换。正确的洗涤方法如下。

（1）先用温水浸泡脏衣物，但不宜浸泡时间过长，让衣物充分湿透，尤其是特别脏的衣物，泡的时间越长越难清洗。衣物一般浸泡15分钟左右，水温不超过40℃。

（2）洗涤衣物要有重点，像领口、袖口比较脏，应多加些洗涤剂，重点揉搓，直到洗净为止。

（四）洗衣机洗衣

（1）按照衣物的新旧程度和织物牢固度分开洗，不同质地的衣物不要混在一起洗涤。

（2）洗衣时要做到三先三后。先洗浅色衣物，再洗深色衣物；先洗牢固度强的衣物，再洗牢固度差的衣物；先洗新衣物，再洗旧衣物。

（五）衣物干洗

这项工作通常由雇主本人完成，若委托给家庭服务员来做，那么你应注意做好以下工作。

（1）要选择信誉好的干洗店。你可以向雇主询问去哪一家干洗店。

（2）送衣物前要翻看一下衣物的口袋，以确保没有东西。

（3）送衣物时要和干洗店的工作人员一起仔细检查衣物较脏的部位及磨损程度。

（4）收好干洗衣物的收条。

（5）按时去干洗店拿衣物。

（6）拿衣物时要仔细检查衣物清洗的效果及其他问题（包括衣物的颜色、光泽、磨损程度等）。

三、晾晒衣物的技巧

（一）丝绸服装

（1）洗好后要放在阴凉通风处自然晾干，并且最好反面朝外。

（2）切忌用火烘烤丝绸服装。

（二）纯棉、棉麻类服装

这类服装一般都可放在阳光下直接摊晒，因为这类纤维在日光下强度几乎不下降，或稍有下降但不会变形。不过，为了避免褪色，最好反面朝外。

（三）化纤类衣服

化纤衣服洗毕，不宜在日光下暴晒。因为，腈纶纤维暴晒后易变色泛黄；锦纶、丙纶和人造纤维在日光的暴晒下，纤维易老化；涤纶、维纶在日光作用下会加速纤维的光化裂解，影响面料寿命。所以，化纤类衣服以在阴凉处晾干为好。

（四）毛料服装

洗后也要放在阴凉通风处，使其自然晾干，并且要反面朝外。因为羊毛纤维的表面为鳞片层，其外部的天然油胺薄膜赋予了羊毛纤维以柔和光泽。如果放在阳光下暴晒，表面的油胺薄膜会因高温产生氧化作用而变质，从而严重影响其外观和使用寿命。

（五）羊毛衫、毛衣等针织衣物

为了防止该类衣服变形，可在洗涤后把它们装入网兜，挂在通风处晾干。或者在晾干时用两个衣架悬挂，以避免因悬挂过重而变形。也可以用竹竿或塑料管串起来晾晒，有条件的话，可以平铺在其他物件上晾晒。总之，要避免暴晒或烘烤。

四、熨衣技巧

先要了解布料的品质和处理方法，因为每种布料都会有不同的处理技巧，如果不得其法，就会损坏衣物。

（一）熨衣温度

（1）请务必检查所熨衣物上是否有熨衣指示，在任何情况，均请遵循熨衣指示。

（2）如果衣物上无熨衣指示，但你知道衣服质料种类，那么熨烫温度请参阅表4-3。

表4-3 不同衣物的熨烫温度

序号	衣物种类	熨烫温度
1	毛织物（薄呢）	约120℃
2	毛织物（厚呢）	约200℃
3	棉织物	160~180℃
4	丝织物	约120℃
5	麻织物	在100℃以下，一般不熨烫
6	涤纶织物	约130℃
7	锦纶织物	约100℃
8	涤棉或涤黏纺织物	约150℃
9	涤毛混纺织物	约150℃
10	涤腈混纺织物	约140℃
11	化纤仿丝绸	约130℃
12	维棉混纺织物	约100℃（宜干烫）

注：此表适用于一般衣料，不包括特别处理或经加工过等，如有光泽的衣物。经过特别处理的纺织品（有光泽、加折、隆起等），熨衣时请用较低温度

（3）先将衣物依熨衣温度分类，毛料衣物与棉料衣物则要分开来熨。

①熨斗加热的速度比冷却速度快，因此，先由最低温度的衣物熨起，如人造纤维衣料。

②含混纺的衣料，应选择质料中最低的温度来熨。

③如不知衣物是由何种质料组成，找一处穿时看不见的地方熨，先由低温试起试试何种温度最适合。

④纯毛料（100%羊毛）可用蒸汽熨平。应将蒸汽钮转至最高的位置且用块干的熨布熨衣。

（4）绒织品或其他发亮的纺织品应以同一方向（顺毛方向）轻熨。熨衣时需常移动熨斗。

（5）熨人造纤维衣物及丝制品的内面，以防发亮的情形产生。不要喷水以避免污垢堆积。

（二）不同衣物的熨衣程序

熨衣物前首先检视衣物标签，调校合适温度，待温度指示灯熄灭后，按衣物质料决定是否需要打开蒸汽，然后开始熨衣。

1. 衬衫

（1）熨衣领。先熨领后，再熨领前，然后将担干一字形铺开（或将两边担干分开入板）熨好。

（2）再熨衣服袖口的内面、外面，然后熨后袖、前袖，熨好一只袖再熨另一只。

（3）先熨纽及纽门的内面，然后顺一方向将前后幅熨好。

（4）折叠时，先把领翻好，扣好颈喉纽，然后隔粒扣好。

（5）将衬衫反转，铺在熨板上，将两边衫身折上，再将两只袖折上。

（6）如衫身太长，可先将衫脚覆上约6厘米，然后再覆上折好。

2. 西裤

（1）将西裤反转，底幅在外，裤头套入熨板内，先熨好拉

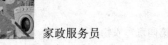

链部分，然后熨裤头、裤袋。

（2）将西裤两侧叠好，放在熨板上，熨好裤脚及开好裤骨。

（3）再将西裤反转熨裤面，裤头套入熨板内，先熨好拉链部分，然后顺一方向熨，熨到袋位时，要将袋底布掀起，避免熨出袋印。

（4）将西裤两侧叠好，对齐裤骨，熨好内外侧裤脚。前裤骨要连前折，后裤骨熨到裆位。

（5）熨好后，将西裤按三节折好。

3. 西装外套

（1）将西装外套反转，先熨底幅两袖里布，逐只完成，然后顺一方向熨好衣身里布。

（2）再将西装外套翻转，面幅铺在熨板上，先熨领后、再熨领前，利用熨板圆位或熨垫熨好肩膊位及袖位。

（3）顺一方向将前后幅熨好，熨至袋位部分应拉出袋布先熨。

（4）完成后再检查未妥善之处。

五、保管和收藏衣物

（一）保管收藏衣物的基本要求

（1）更换下来的各类服装一定要洗涤干净再收藏。

（2）潮湿服装要晾干以后再收藏。晾晒后的服装一定要通风晾透后再收藏。

（3）内衣内裤要和其他服装分开存放，有条件的最好按不同质料的服装分类存放。

（4）服装不能长期越季保管、收藏，要经常通风晾晒，并检查有无污染、虫蛀、受潮和发霉等现象。

（二）各类衣物保管的正确方法

1. 丝绸衣物

丝绸织品易发霉、生虫、变色。收藏时的要求如下。

（1）首先要清洗干净，在通风处晾干，最好熨烫一遍。

（2）收藏在衣箱内，衣箱要保持清洁干燥。

（3）这类衣物怕压，可放在其他衣物上层或用衣架在衣柜内挂起，最好适当放些防虫药剂（用白纸包好）。

2. 棉质衣物

棉质衣物很容易受热生霉，因此收藏时要注意以下几点。

（1）收藏前必须拆洗干净，充分干燥后，折叠整齐，存入严密的衣箱或衣柜内。

（2）如有羊绒或丝棉的棉质衣物，收存时每件放 5 粒左右卫生球。

（3）如果居室是平房或楼房底层，衣柜应离开地面 15～30 厘米。

（4）收存期间每隔 1～2 个月应检查一次，发现受潮及时晾晒。

3. 羽绒制品

（1）收藏羽绒服前必须洗净，晾晒干燥，回凉至室温后折叠整齐存入衣箱或衣柜内。

（2）在衣物内放 3～5 粒用白纸包好的卫生球。

4. 毛皮制品

毛皮服装最怕潮湿、高温，又易生虫，在收藏时要提前做好准备，不要到高温梅雨季节才动手。北方地区在 4 月底做好收藏工作。具体做法如下。

（1）先在通风、凉爽的地方将衣服晾干，然后用光滑的棍

儿敲打皮面，以除去灰尘。

（2）再将皮板放平把毛理顺，折叠好，用布包好后装入塑料袋内。

（3）包装时在毛面处放 10 粒左右卫生球，最后装入严密的衣箱内或衣柜内。

（三）预防毛织品生虫

呢子大衣、毛料服装、毛料裤、毛围巾、毛毯等，大部分是以羊毛为原料制成的。羊毛是蛀虫的最好养料，如果保管不善，极易招致虫蛀。预防生虫的具体做法如下。

（1）换下来的毛料衣物不要随意堆放，应及时清除油污、尘土，集中存放在衣箱或衣柜内。

（2）衣箱（衣柜）四周要放入防虫药剂，毛衣、毛毯等叠放的衣物，可在中间加放防虫剂。

（3）防虫工作要在每年 3 月或 4 月进行，防虫药剂要用白纸包裹，不要直接接触衣物和有机玻璃纽扣。樟脑丸是常用的衣物防虫药剂，使用时，一定要用白纸包裹才放到衣物中间。

（4）在存放期间每 1~2 个月检查 1 次。

（四）床上用品的保管

需要采取以下的保管措施。

（1）用过的被褥必须拆洗净，晾晒干燥，回凉至室温，折叠平整。装入严密的箱或柜内。

（2）干净的被褥要选择晴朗天气，晾晒回凉后存放衣箱内。

（3）羽绒被褥收藏时，除洗涤干燥外，每床放入用白纸包裹的卫生球 5~10 粒。

第五章　常用家电的使用与清洁

家用电器在使用一段时间后，其产生的静电会牢固吸附大量的灰尘和污垢，而环境中的静电微粒、金属尘埃、油烟等，也会在家电的电器元件和电路板上形成一层污垢膜，使家电运行时产生的热量不能正常散发，严重影响着设备运行的稳定性，最终可导致电器的耗电量增大、使用寿命缩短、功能紊乱、短路、烧坏电子元件，甚至引发火灾。因此，家政服务员在做家居清洁时，也别忽略了这类物品。

第一节　洗衣机

一、洗衣机的使用

洗衣前要取出口袋中的硬币、杂物，有金属纽扣的衣服要将金属纽扣扣上，并翻转衣服，使金属纽扣不外露，以防在洗涤过程中金属等硬物损坏洗衣桶及波轮。

使用洗衣机时一次洗衣的量不能超过洗衣机的规定量。

洗涤过程中，不能关掉水龙头，否则，洗衣机不会自动完成运转程序。

不要让洗衣机通电空转；不要把手伸到正在运转的洗衣机里；不要在洗衣桶转动时投放衣物；不要在脱水或甩干过程中打开洗衣机盖。

二、洗衣机的清洁

洗衣机用久了，滚筒内部会出现一些污垢。具体除垢的清洁方法如下。

关闭进水阀门，将洗衣机排水管拿下放在一个空水桶上（要有一定高度）。

将3瓶除垢剂（市场有售）倒在一个空容器中，按除垢剂∶水＝1∶2的比例配制并搅拌均匀。

打开"洗涤剂添加盒"，把混合好的除垢剂溶液从洗涤剂添加盒倒入，注意不要溅到皮肤上。

第二节　电冰箱

一、电冰箱的使用

置于坚固而水平通风处，后面离墙大于300毫米，侧面离墙大于200毫米。放好电冰箱后，可调整箱脚的水平调整螺钉，调好水平，保持平衡。避免电冰箱工作时出现摇晃，增加噪音。

选择干燥、清洁的地方放置，否则，湿气容易使电冰箱凝露、生锈，电气绝缘性能降低。灰尘容易使冷凝积灰，散热不良。

遇到停电，尽可能不要打开冰箱，以延长食品保鲜时间。如事先知道停电时间，则应将温控器调节至"冷"的位置，使冰箱达到最大冷冻温度。或预制大量冰块，以利冷藏食品的保鲜。

二、电冰箱的清洁

清洁时，先切断电源，用软布蘸上清水或食具洗涤剂，轻轻擦洗，然后蘸清水将洗涤剂拭去。清洁完毕，将电源插头牢牢插好，并检查温度控制器是否设定在正确位置。此外，对电冰箱应定期保洁，每隔一段时间，箱内要彻底清洗一次，包括外观、内部，还有压缩机和冷凝器。

第三节 电视机

一、电视机的使用

电视机在使用时不应频繁开、关机。开关机必须间隔 5 分钟以上。如果遇到临时停电，应将电视机关掉。

在收看过程中注意发生的异常现象，如突然出现声像全无、有像无声、有声无像、打火、冒烟、异味、亮线等现象时就立即关掉电视机待查、待修。

在夏季雷雨天气时，不要使用电视机。

二、电视机的清洁

1. 电视机外壳清洁

切断电源后，用柔软的布擦拭，如果外壳油污较重时，可用温水加 3~5 毫升洗涤剂混和后擦拭。

2. 电视机内部清洁

先断电源 30 分钟，再打开电视机后盖，用电吹风将积尘吹净，然后用无水酒精的棉球擦洗电路板，用干布团轻擦电视机内部线路，最后用电吹风吹干。

第四节 空 调

一、空调的使用

开启空调前，先开窗通风 10 分钟，尽使室外新鲜空气进入室内。空调开启一段时间后关闭空调，再开窗通风 20~30 分钟，如此反复，使室内外空气形成对流，让有害气体排出室外。

室内温度最好控制在 25℃ 左右，室内外温差不宜超过 7℃；冷风出口处不要直接对着人和办公桌。

老人呼吸系统功能较弱，使用空调时，空调温度不能太低。天气干燥时，可使用加湿器或在室内放一盆水。从室外进入室内前，先将身上的汗擦干，最好将空调定时。

儿童免疫功能较低，使用空调时，出门前半个小时就应关闭空调并开窗通风，以适应室内外温度变化。

二、空调的清洁

在空调电源完全切断的状态下，将滤尘网取下，放在洗涤溶液中，用刷子刷净后再用清水冲洗，晾干后放回原位。用清水冲洗干净室外机后，晾干，再用防水材料制成的外罩套起来，以免被雨水、尘土、阳光等侵蚀而影响寿命。

第五节 其他电器

一、电熨斗

为避免产生水垢，应尽量灌注冷开水。

根据各种不同的衣料选择适当温度。如果不清楚衣服布料的话，可以先找一处穿衣时看不到的地方试熨一下，从低温逐渐开始上调。

要等到水温达到所调的温度后，开始熨烫，否则水会从底板漏出。请注意，这并不表示熨斗发生故障，而只是温度不够，不能将水升华为蒸汽，而从底板流出。

其清洗办法是：取去污粉约 80%、蜡约 10%、植物油约 10% 配成抛光磨料。将此磨料涂在电熨斗底板上，用化纤布用力揩擦痕迹处，即可及时清除痕迹。也可以挤牙膏于底板的痕迹上，用绸布反复擦拭，效果一样。

二、电饭锅

新购置的电饭锅在使用前应详细阅读使用说明书，熟记操作方法并严格执行。

电饭锅的内锅表面均刻有物品投放量和水量的标志，使用时应掌握好此标准，不宜过量。

电饭锅主要用来煮饭，内锅底的污物主要是饭粒的焦渣，电饭锅的外壳烤漆也经常由于高温米汤的溢出而被腐蚀。开关与安全装置还会因为汤液或饭粒的进入而失灵。

具体清洁方法如下。

一是电饭锅在清洗时，如果是铝质内锅，可用热水浸泡后，再刷洗。

二是内锅受碱或酸的腐蚀会产生黑斑，可用去污粉擦净或用醋浸泡过夜后除净。

三是电饭锅外壳上的一般性污迹，可用洗涤灵或洗衣粉的水溶液清洗。

三、微波炉

应将微波炉放置在平稳而且通风良好的地方，不可放置在高温或潮湿的地方。切忌将微波炉放在有磁性材料的地方，磁性材料会影响炉腔内微波的分布。微波炉也忌与电视机放在一起同时使用。

由于微波炉在加热时耗电较大，最好敷设专用电源线和插座。如与其他大功率电器用具接在同一线路上，则不要同时使用，避免线路超过负载，发热乃至损坏。

应严格按使用说明书所规定的顺序进行，切忌随心所欲地拨动各按钮开关。转动火力开关调至所需加热方式。转动定时器选定加热时间，开始加热或烹调。在到达了预定烹饪时间或食物温度升到设定值时，发出信号铃。微波炉里若有汤汁堆积，时间长了会散发异味，并且难以彻底洗净。因此，每次用完，待玻璃转盘和轴环冷却后，再用软布将炉腔壁和转盘擦干净。微波炉的门封要保持洁净，并定期检查门闩的光洁情况。

第六章　照料孕妇及产妇

第一节　照料孕妇

妊娠期为 40 周，由于胎儿的生长发育，母亲身体负担增加，全身各系统发生适应性变化，新陈代谢旺盛，血液循环加速，营养需要增大，如不注意孕期保健，易产生尿频、便秘、眩晕、小腿抽筋、水肿等一系列不适症状。

妊娠期因激素水平变化，孕妇容易产生情绪波动，多半发生在妊娠前 3 个月和妊娠后期，早期可因为对胎儿的过度关注，如担心胎儿的性别、健康状况和害怕畸形等引起焦虑、敏感、情绪不稳定等，妊娠后期因身体负担较重，可出现反应迟缓，临产前还可出现因害怕分娩疼痛而产生焦虑。

一、孕妇的营养需要

妊娠期间，孕妇新陈代谢旺盛，对营养的需求增加，孕妇营养素摄入不足，可影响胎儿的生长发育，在孕妇的饮食照料中，应注意不挑食、不偏食，合理平衡，提供各种营养素。

1. 谷类

米饭、面食等谷类食物可提供孕妇日常活动所需的能量。注意摄入适量的粗粮可补充膳食纤维和 B 族维生素，使营养更为丰富全面，可根据个人的饮食习惯、活动量、身高体重、孕期确定进食量。

2. 奶类

奶类食物含有丰富的蛋白质、维生素 A、维生素 D 和 B 族维生素，含有钙、磷和多种微量元素，奶中所含的钙机体吸收率高，孕妇每天应有 250~500 毫升奶的摄入。

3. 蛋

蛋是提供优质蛋白质的天然食品，是脂溶性维生素及叶酸、维生素 B_2、维生素 B_6、维生素 B_{12} 的丰富来源，铁含量比较高。

4. 肉制品及动物肝脏

鱼、禽、瘦肉及动物肝脏是蛋白质、矿物质和各类维生素的来源。孕妇每天的饮食中应供给 50~150 克。如有困难，可用蛋类、大豆及其制品代替。动物肝脏是维生素 A、维生素 D、叶酸、维生素 B_1、维生素 B_2、维生素 B_{12}、尼克酸及铁的优良来源，也是优质蛋白质的来源，每周至少吃 1~2 次。

5. 大豆及豆制品

大豆及豆制品是植物蛋白质、B 族维生素及矿物质的来源，每天进食豆类及其制品 50~100 克，以保证孕妇、胎儿的营养需要。

6. 新鲜蔬菜及水果

孕妇每天应摄取新鲜蔬菜 250~750 克，其中有色蔬菜应占一半以上。绿叶蔬菜（如青菜、豌豆苗、塔菜、菠菜等）和黄红色蔬菜（如甜椒、胡萝卜等）含有丰富的维生素、矿物质和纤维素，水果含有较多的维生素 C 和果胶、果酸等成分，对防治妊娠期便秘十分有效，孕妇每天应食用水果 150~200 克。

7. 海产品

常吃一些海鱼、海带、紫菜、虾皮等海产品，以补充碘、亚油酸和亚麻酸等物质，有助于胎儿神经系统的发育。

二、孕妇的饮食安排

1. 孕早期饮食应清淡、易消化

怀孕的前 3 个月，部分孕妇可能出现妊娠反应，出现呕吐和食欲不振等症状，此期膳食既要营养充足，又要注意食物清淡，易于消化，早晨可吃面包、饼干、馒头等碳水化合物类的食品，以减轻妊娠反应。主餐少食油腻食物，可选择蛋奶、鱼类、禽类补充优质蛋白质，不喝含酒精和咖啡因的饮料，不吃辛辣刺激性食物。多吃些水果和蔬菜，补充足量的维生素、矿物质和水分。适当进食维生素 B 含量丰富的粗粮有助于减轻孕早期的不适。

2. 孕中期饮食要荤素兼备、粗细搭配

孕中期是胎儿生长发育的关键时期，要增加蛋白质，尤其是优质蛋白质的摄入。如易消化吸收的豆浆、豆腐类，肝、心、肾等动物内脏，这些食品不仅供应优质蛋白质，还能补充丰富的矿物质和维生素。孕中期要有足够的热能供应，除米、面等主食外，适当吃一些玉米、小米和麦片等杂粮，做到粗细搭配，每天碳水化合物的摄入量达到 400 克以上。孕中期多食新鲜蔬菜和水果，以补充胡萝卜素、维生素 B 和维生素 C。妊娠 5 个月后需补充含钙丰富的食物，避免因体内血钙水平降低引起小腿抽筋等不适。牛奶、豆奶、豆制品、海带、紫菜、虾皮等食物含钙丰富，易于吸收，是不错的选择。

3. 孕后期饮食要保证质量，品种齐全

孕后期膳食要增加肉、禽类等动物性食物。增加肝、肾等内脏，补充优质蛋白质和血红素铁，预防妊娠缺铁性贫血的发

生。增加豆奶、豆浆、豆腐等豆制品补充钙质。增加核桃、芝麻、花生等食物补充必需脂肪酸。孕后期要适当限制碳水化合物和脂肪的摄入，减少米、面等主食的量，少吃水果，以免胎儿长得过大，造成分娩困难。如出现下肢浮肿，应减少盐的摄入。

三、孕妇的生活照料

1. 孕妇居家环境照料

孕妇的居室应保持空气清新，定时开窗通风；床铺被褥适时更换与暴晒，保持舒适清洁；地面、床铺保洁采用湿式清洁，减少灰尘扬起；家中不养猫狗等宠物，避免感染弓形虫。

2. 孕妇睡眠

早孕反应和因身体负担逐步加重均能使孕妇产生疲劳，因此孕妇应适当休息以恢复体力。一般每天应保证 8~9 小时的睡眠，有条件者可午睡 1~2 小时放松腰背肌肉，减轻不适。

3. 孕妇活动

适当的活动可促进血液循环，增进食欲和改善睡眠，并能强化肌肉，增进产道的韧性和弹性，为分娩做准备。孕妇的活动应注意安全，散步是孕妇最适宜的活动方式之一，每日 2~3 次，每次 20~30 分钟。散步时注意不到人多拥挤的地方去，不搬重物，不长时间弯腰，不迅速改变身体方向，以防身体失去平衡，或因血液循环改变出现头晕等现象。适当的户外活动和晒太阳可增加体内维生素 D 的转化，帮助钙的吸收。

4. 孕妇洗澡

孕妇机体代谢率高，皮肤和呼吸功能增强，出汗多，应经常洗澡、洗头，以保持身体清洁。

（1）注意浴室内外的温差。洗澡前后的温差过大，容易刺激孕妇子宫收缩，造成早产、流产等现象。冬天气温较低时，孕妇不宜马上进入高温的浴室中洗澡，避免发生意外。

（2）注意洗澡水的温度。孕妇洗澡时水温不宜过高，以免影响胎儿发育。研究发现，孕妇体温比正常体温升高 1.5℃ 时，有损伤胎儿脑细胞的危险，甚至导致胎儿大脑及全身发育不良。夏季高温，孕妇洗澡水温也应适中，不宜过冷。

（3）注意洗澡时间。洗澡时间过长，不仅使孕妇表皮角质层软化，病原微生物容易侵入，还因血液循环改变引起头昏、晕厥等现象，因此，孕妇洗澡时间不宜过长，一般以 10~20 分钟为好。洗澡的频率可根据个人习惯和季节而定。

（4）注意选择合适的洗浴方式。孕妇洗澡时尽量采取淋浴，以防不良反应的发生。淋浴时不要长时间用热水冲淋腹部，以减少对胎儿影响。

（5）其他注意事项。孕妇洗澡时家中要有人陪伴，并注意室内的通风，避免晕厥，不要将浴室门上锁，以确保出现意外时能得到及时救护。

5. 孕妇衣着

孕妇衣着应宽松、柔软、舒适，因代谢旺盛，内衣裤以吸水透气的棉织品为宜；不要使用过紧的腰带，以免影响胎儿活动和下肢血液循环；穿高跟鞋可加重身体重心前倾引起腰背疼痛不适，因此孕妇宜穿平跟鞋。

孕早期注意根据孕妇口味调整饮食，安排舒适安静的环境以利于休息，减轻因早孕反应造成的敏感与焦虑，孕后期帮助产妇准备婴儿用物，安排休息环境，并帮助孕妇学会应对分娩不适时的技巧，减少临产前的焦虑。

第二节　照料产妇

产褥期为 6~8 周。这期间机体各系统逐渐自然恢复到非妊娠状态，激素水平波动较大，产后的阴道流血（恶露）一般会持续 3~4 周。

母亲在婴儿诞生后有一个适应过程，容易出现情绪波动，有时因初为人母而喜悦和兴奋，有时又因新生儿的哭闹、家人是否关心等小事而伤心流泪，新生儿的性别、健康状况甚至外貌都可能影响产妇情绪，对新生儿过度的关注还会出现焦虑、睡眠不稳等现象。

一、产妇的营养需要

产褥期的营养应考虑母亲在分娩中丢失的能量、大量出汗丢失的水分、产褥期恶露丢失的蛋白质和铁质、伤口修复需要的蛋白质等因素。还需考虑哺乳需要的营养素，为保证乳汁的质量，乳母每天需要补充的蛋白质高于常人 20%；按每天分泌乳汁 600 毫升计算，每天热量摄入要高于常人 750 卡路里；泌乳高峰期体内钙的消耗量高达 3 毫克/日。因此，产褥期的食物以高蛋白质、高维生素、适当高热量为好，注意补充钙、铁等矿物质及各种微量元素。

二、产妇的饮食安排

1. 顺产妇的饮食安排

产后的 1~2 天，给予易消化、富含营养又不油腻的食物，如藕粉、米粥、面条或馄饨等。随着体力的恢复，消化能力的增强，可逐渐增加富含蛋白质、碳水化合物及适量脂肪的食物，如蛋、鸡、鱼、瘦肉、肉汤、排骨汤及豆制品等，主食中适当搭配粗粮、新鲜的水果蔬菜以防止便秘。在产后的 3～4 天里，不宜喝太多的汤，以免乳房过度淤胀。开始哺乳的产妇，为促进乳汁分泌可多喝鸡汤、排骨汤、猪蹄汤、鲫鱼汤等浓汤。

2. 剖宫产妇的饮食安排

剖宫产后的产妇在恢复饮食时可先喝点萝卜汤，促进肠道蠕动，帮助胃肠道恢复正常功能。术后第 1 天，一般以稀粥、米粉、藕粉、果汁、鱼汤、肉汤等流质食物为主，分 6～8 次给予。术后第 2 天，产妇可吃些稀、软、烂的半流质食物，如肉末、肝泥、鱼肉、蛋羹、烂面、烂饭等，每天 4～5 顿。第 3 天后可吃普通饮食，注意补充优质蛋白质、各种维生素和微量元素。

三、产妇的日常护理

1. 环境安排

产后休养环境应安静舒适，房间内清洁整齐、空气流通，利于产妇和婴儿休息。产褥期不要有频繁的亲属探望，以免带来病菌，或干扰婴儿休息造成夜间啼哭不止。通风时注意避免对流风直吹产妇和婴儿，夏天使用空调时注意室内外温差不宜太大。

2. 个人卫生

产妇因出汗较多，注意勤换内衣；饭前便后和哺乳前要洗手；经常洗澡（淋浴）擦身、洗头梳头；保持口腔卫生，每天刷牙漱口。产后的阴道流血一般会持续 3～4 周，产妇应每天用温水清洗外阴部，勤换卫生巾和内裤，避免感染。

3. 活动和休息

产褥期要保证产妇有充分的睡眠时间，注意让产妇学会与

婴儿同步休息，避免过度疲劳。产褥期要有适当的活动，适当活动有利于子宫收缩复原，减少出血，产妇活动应循序渐进，以不感觉疲劳为好。

4. 衣物洗涤

产妇的衣物应与家人的分开洗，内、外衣也要分开清洗。衣物上有血渍时，用冷水浸泡后清洗除渍。陈旧血渍可用柠檬汁加盐搓洗干净后清洗。

产妇要从妊娠后分娩所产生的不适、疼痛和焦虑中恢复，需要他人的帮助，家政服务员在生活照料中应仔细观察，及时帮助产妇，以减轻因疼痛等生理问题造成的情绪波动，注意耐心倾听产妇的述说，多陪伴和安慰，无特殊情况应鼓励产妇及早活动促进康复。生活照料中多听产妇的意见，尽量遵从产妇的习惯，注意细致照顾婴儿，减少产妇的担忧。

指导产妇正确喂奶，预防乳房合并症。

第七章 照料婴幼儿

第一节 饮食料理

一、婴幼儿人工喂养方法

婴幼儿喂养可分为三类。第一类是母乳喂养，第二类是人工喂养，第三类是混合喂养。混合喂养是由于母乳供给不足而适当配以牛乳、羊乳等的人工喂养法，以补足婴幼儿的营养所需的喂养方法。其法可参考母乳喂养和人工喂养方法。

由于母乳不足、母亲有病或其他原因不能给予婴幼儿母乳，而给予喂食牛奶、羊奶或其他食品的喂养方法称为人工喂养。

下面介绍给婴幼儿喂奶的基本程序。

一是确定奶水的温度。喂奶前必须先检查确定奶水的温度是否合适。检查温度的方法，是将瓶中的奶水向自己手腕内侧的皮肤上滴几滴，感觉不凉不烫才能喂，禁止用嘴品尝以免污染奶嘴。

二是确定流速适宜。检查流速的方法，是将奶头朝下让奶水自然流出。如果需要几秒钟的时间才能流出，说明流速太慢，会使婴幼儿喝得费劲，容易疲劳；如果奶水流出时像一条线，说明流速太快，容易呛着婴幼儿。以每秒钟能自然流出 3~5 滴的速度较为合适。

三是保证婴幼儿处于合适的喝奶位置。婴幼儿喝奶环境应比较安静和舒适，家政服务员坐下，把婴幼儿放在膝上股骨处，使婴幼儿的头部正好落在家政服务员的肘窝里，同时用前臂支撑起婴幼儿的后背，使婴幼儿呈半躺的姿势而不是平躺，以保证其呼吸和吞咽安全。

四是喂奶后要轻轻拍打婴幼儿后背。奶水喝完后轻轻地拿出奶瓶，然后将婴幼儿竖着抱起或让婴幼儿趴在肩部轻拍其背部使其打出一个嗝，排出吸入的空气，避免漾奶。

二、辅助婴幼儿进食、进水的方法

1. 辅助婴幼儿进食

（1）餐前准备。

①餐前先静心、洗手并坐好：

进餐前半小时，不要让婴幼儿做剧烈活动，以防止其过度兴奋影响食欲。

用肥皂给婴幼儿洗干净双手或让其自己洗，洗后不再乱摸乱拿其他东西。

洗完手后在固定的地方坐好准备吃饭。

②选好位置：婴幼儿的进食环境应比较安静和舒适，把婴幼儿按正常喂奶的姿势抱起来，或让婴幼儿在固定的进食地点坐好。

③围上围嘴：给婴幼儿围好围嘴或围上吃饭专用毛巾，以免弄脏衣服及脖子。

（2）辅助婴幼儿进食。

①轻缓喂进：舀一小勺饭，轻轻放在婴幼儿的两唇间，待婴幼儿张口后顺势把勺轻轻地伸进去。一口不要喂得太多，也不能伸进太深。

②进餐中专心吃饭、细嚼慢咽：保持进餐环境安静、整洁，尽量拿走会让婴幼儿分心的东西，为专心吃饭创造良好条件；

不要在吃饭时批评、指责婴幼儿，并要以良好的情绪感染婴幼儿，为婴幼儿愉快进餐创造良好条件。

少盛勤添，保持婴幼儿吃饭的积极性。

不要催促婴幼儿快吃，要教给其正确的咀嚼方法，使其细嚼慢咽，又不能含饭不咽；可用示范动作让婴幼儿学会咀嚼和吞咽。要待婴幼儿把食物咽下后再喂下一勺。

待婴幼儿咽下最后一口饭后，才让其离开座位。

③餐后漱口和擦嘴：从小就要培养婴幼儿良好的卫生习惯；当婴幼儿懂得漱口水不能喝时，可培养其在进餐后漱口，并将嘴擦干净。

2. 辅助婴幼儿进水

（1）奶瓶、小勺喂水。婴幼儿在 6 个月前可以用奶瓶或小勺给其喂水，其方法与喂奶方法基本相同。

（2）用水杯喂水。婴幼儿长到 6 个月以后，就可以引导其用杯子喝水。开始时最好用有引水口的杯子，这样婴幼儿可以半喝半吸，慢慢地再用一般的杯子喂；到 10 个月时可让婴幼儿练习自己拿杯喝水。

（3）保证足够的进水量。一般两餐间喝水 1 次，每天保证饮水 5 次左右。如天气炎热，婴幼儿出汗多，要随时喂水或提醒婴幼儿喝水。

第二节　生理照料

一、照料婴幼儿盥洗

1. 刷牙

（1）物品准备。为婴幼儿准备好牙刷、牙膏、漱口杯、清洁盆、毛巾等物品。

（2）指导婴幼儿刷牙。

①首先将牙膏挤在牙刷上，牙膏可占到牙刷刷头长度的2/3。

②漱口杯中接好水，占到杯子总容量的2/3即可。

③让婴幼儿端好杯子，拿好牙刷，让婴幼儿先漱口，然后牙刷蘸一下水，开始刷牙。

④牙齿刷干净后喝水漱口，然后用湿毛巾擦干净嘴角即可。

（3）注意事项。

①要嘱咐婴幼儿刷牙力度要恰当，不能过于用力，以免牙龈受损。

②刷牙时牙刷进入口腔不能过深，以免触及会厌部导致恶心或呕吐。

2. 洗脸

（1）物品准备。准备好洗脸毛巾、洗脸盆和温水。

（2）给婴幼儿洗脸。

①洗脸盆内倒入温水，放入毛巾清洗干净，拧至不再向下滴水即可。

②先为婴幼儿洗双眼，用小毛巾蘸温水从婴幼儿眼角内侧向外侧轻轻擦洗。

③洗完眼睛将毛巾清洗干净，再洗嘴巴、耳朵（耳廓和耳道周围）、脖子。

④将毛巾再一次清洗干净，清洗婴幼儿的整个面部及额头。

⑤全部清洗结束后在婴幼儿脖子、脑后拍一些爽身粉，以保持干燥，尤其是夏季非常必要，可以有效防止婴幼儿生痱子。冬季应抹些润肤霜。

（3）注意事项。

①给婴幼儿清洗眼睛时动作一定要轻柔，且注意力要集中。

②婴幼儿洗脸不必使用香皂类物品，以免刺激婴幼儿的皮肤；清洗眼睛时更不能使用香皂制品。

③冬季最好使用温水给婴幼儿洗脸，且洗脸后要给婴幼儿抹护肤霜。

3. 洗手

（1）打开水龙头，让流动的清水充分湿润双手。

（2）关上水龙头，取适量肥皂或洗手液，双手充分揉擦30秒左右，使泡沫能够覆盖整个手掌、手指和指间。

（3）打开水龙头，用水冲去泡沫，约冲洗20秒。

（4）用双手捧少量的清水冲洗水龙头后关掉水阀，用毛巾将婴幼儿手擦干即可。

4. 洗头

（1）物品准备。准备婴儿洗发液或婴儿皂、洗脸盆、毛巾、棉球、40~45℃的温水、小凳子等。

（2）给婴幼儿洗头。

①脸盆中放入适量的温水，将毛巾浸泡在水里。

②家政服务员抱起婴幼儿，坐在脸盆旁的凳子上；将婴幼儿托起置于前臂上，用后臂将婴幼儿臀部夹于腰部；婴幼儿头向前，脸向上，托住婴幼儿的头及肩，用拇指和中指从婴幼儿的耳后向前把耳朵眼堵住或用棉球轻轻地堵住耳朵眼。

③用小毛巾蘸温水淋湿婴幼儿的头发，涂上婴幼儿洗发液或婴儿香皂轻轻搓洗干净。

④用温的清水冲洗干净婴幼儿头发上的泡沫，然后擦干即可。

5. 洗脚

（1）物品准备。准备洗脚盆、45℃左右的温水、小毛巾、小凳子等。

（2）给婴幼儿洗脚。

①洗脚盆内放入温水，水面达到婴幼儿脚踝部位即可。

②较小的婴幼儿可以抱着让其站在水盆里，较大的婴幼儿可以让其坐在凳子上；将婴幼儿双脚放在水里浸泡2~3分钟。

③家政服务员一只手扶住婴幼儿、蹲下，然后依顺序洗净婴幼儿脚心、脚背、脚趾缝，最后及时用毛巾擦干婴幼儿双脚即可。

（3）注意事项。

①婴幼儿均有戏水的爱好，在保证婴幼儿安全的情况下，可以适当满足婴幼儿的心理需要。

②水温不能过高，一定要保证婴幼儿不会被烫伤；如果是用热水和凉水勾对温水，一定要先放凉水，再放热水；水温调节好后再把婴幼儿的脚放到水里。

6. 洗臀部

（1）物品准备。盥洗盆、45℃左右的温水、小毛巾、婴儿香皂、5%鞣酸软膏或爽身粉、小凳子或椅子。

（2）给婴幼儿清洗臀部。

①盥洗盆内倒入温水，小毛巾放到水里。

②将婴幼儿裤子脱到膝盖处。

③家政服务员蹲下或坐在凳子上，抱起婴幼儿使其躺在家政服务员的怀里，一只手臂托住婴幼儿的大腿并用手抓住，向上抬起婴幼儿的大腿，使其臀部在前臂下露出，置于水盆上。

④用另一只手持小毛巾蘸温水擦洗婴幼儿臀部，先擦洗婴幼儿两侧大腿内侧，然后擦洗外阴部，最后擦洗肛门周围；必要时可在上述部位涂以婴儿香皂轻轻擦洗。

⑤用温的清水将婴幼儿臀部冲洗干净，然后用毛巾将婴幼

儿臀部水分擦干；根据需要可给婴幼儿臀部涂些 5% 鞣酸软膏或拍些爽身粉。

⑥为婴幼儿穿好裤子，清洗结束。

二、给婴幼儿穿、脱衣服

1. 准备衣物

准备好要更换的衣服，并按穿脱的先后顺序一一摆放好，关好门窗，避免对流风吹到婴幼儿。

2. 脱衣服

（1）脱上衣。

①脱上身的开襟衣物：让婴幼儿坐在家政服务员的腿上，先脱下一侧衣袖，然后将衣服从婴幼儿的身后转到另一侧脱下。

让婴幼儿躺在床上，先脱下一侧衣袖，然后将婴幼儿侧翻转至另一侧；然后将衣服塞到婴幼儿的身下，再将婴幼儿翻转过来脱下另一侧袖子即可。

②脱套头衣服：先将衣服的下摆向上卷至胸部。一只手拽住婴幼儿的袖口并向上提起，另一只手从婴幼儿的衣服下摆伸进去，直至肩部，然后再拐到袖子里，轻轻地将婴幼儿的胳膊从袖子里拽出，放在胸前，袖子被脱下。同样的方法为婴幼儿脱下另一侧袖子。拽住衣服的下摆将衣服卷成一个圈，撑着领口从前面穿过婴幼儿的前额和鼻子，再穿过头的后部脱下衣服。

（2）脱裤子。

①婴幼儿坐在家政服务员的腿上脱裤子：一只手从婴幼儿的背后环绕至婴幼儿胸前，将婴幼儿轻轻的托起；另一只手松开婴幼儿的腰带，轻轻地将裤子拽下即可。

②婴幼儿站立脱裤子：让婴幼儿趴在家政服务员的肩上，

一只手将婴幼儿环抱住,同时用肩膀将婴幼儿轻轻托起,使其脚稍微离开地面;另一只手解开婴幼儿的腰带,然后拽住裤腰轻轻地将裤子脱下。

③婴幼儿坐着脱裤子:先让婴幼儿站起来,解开腰带,将裤子脱至臀下,让婴幼儿坐下;一只手从婴幼儿后背环绕到婴幼儿胸前扶稳婴幼儿,然后抓住裤腰将裤子轻轻地脱下。

④婴幼儿平躺于床上脱裤子:解开婴幼儿的腰带,抓住裤腰将裤子脱至婴幼儿的臀部,然后一只手将婴幼儿的臀部托起,另一只手拽住裤腰将裤子脱到臀下;放下婴幼儿的臀部,拽住裤脚轻轻地将裤子脱下。

3. 穿衣服

穿衣服采用与脱衣服相反的方法即可。

三、抱、领婴幼儿

1. 抱婴幼儿

(1)双手同时轻柔、平稳地把婴幼儿抱起。

(2)将婴幼儿的头放在肘弯处,或使婴幼儿呈站立状趴在家政服务员的一侧胸前,双手在婴幼儿的背及臀部叠在一起,交叉至手腕。

2. 领婴幼儿

领婴幼儿时要攥住婴幼儿的全手掌,要注意不能过分牵拉婴幼儿的胳膊或突然间使劲拉婴幼儿的胳膊,这样会使婴幼儿的关节脱臼。走路时要顺着婴幼儿的速度,不要让婴幼儿追赶成人的步伐,防止婴幼儿疲劳或被伤害。

四、换洗程序

1. 物品准备

三角形大尿布 1 块、长方形小尿布 1 块、45℃的温水、小毛巾 1 块、盥洗盆 1 个、中性肥皂、开水等。将长方形小尿布放在三角形大尿布之上，且要处于中间位置。

2. 换洗程序

（1）换尿布。

①用温水或温热毛巾将婴幼儿臀部清洗干净。女婴要从会阴部洗向臀部。

②一只手抓住婴幼儿的两踝，轻轻向上抬高婴幼儿臀部，撤下脏尿布，垫上摆好的干净尿布。

③把长方形尿布骑在小儿裆内，将长出部分放在男孩子前面，从腹部折下；女孩子则放在后边从腰部折下垫在臀部。

④将三角形大尿布腰部的两个对角折到婴幼儿腹部，把尿布的顶角从裆内翻上，三个角叠在一起，用曲别针固定，固定时用手指垫着三个角。

⑤整理好婴幼儿上衣，保持其平整舒服，身下再放尿不湿或塑料布。

⑥如单用长条尿布可在婴幼儿腰部系一扁平形的松紧带。要注意此带不能太紧，以尿布不掉下即可。将尿布骑裆摆放，两头穿过松紧带翻折过来即可。

（2）洗尿布。

①只有尿液的尿布先用清水漂洗干净后，再用开水烫一下即可。

②如尿布上有粪便，先用专用刷子去除，然后放进清水中，用中性的肥皂进行清洗，再用清水多冲洗几遍。

③尿布清洗干净后最好能在日光照射下晒干，达到除菌的目的。

④晒干的尿布要叠放整齐，按种类放在一起，随时备用。同时也要注意防尘和防潮。

3. 注意事项

（1）擦洗婴幼儿臀部时，女孩子要从前往后擦，切忌从后往前，因为这样容易使粪便污染外阴，引起泌尿系统感染。给男孩子擦时，要看看阴囊上是否沾着大便。

（2）换尿布要事先做好准备，快速更换。冬天时应该先将尿布放在暖气上烤热，家政服务员手搓暖和后再给婴幼儿换尿布。

（3）换下的尿布不一定需要立即清洗，从节约水资源的角度考虑，可以积攒几块后一起洗涤。当然，是否这样做还需听取雇主的意见。

（4）为了保持尿布的清洁柔软，所有的尿布洗净后，都应用开水浸烫消毒。

（5）清洗干净的尿布最好放在阳光下晒干，可达到除菌的目的。

五、照料婴幼儿便溺

一般当婴幼儿达到 2~4 岁时便会逐渐控制大小便，此时帮助婴幼儿形成良好的生活规律是非常有益的。

在婴幼儿睡醒后而尿布未湿时，喂奶、喂水 10 分钟后，或上次排尿 1.5 小时左右后可以引导婴幼儿坐便盆，同时发出"嘘——嘘"的声音。

当婴幼儿 5~6 个月开始可在婴幼儿喝完奶后让婴幼儿坐便盆，同时发出"嗯嗯"的声音或"嘘嘘"声音。这样天天坚持、反复进行，就可逐步使婴幼儿形成定时排便的习惯。

大便后及时清洗，用专用小毛巾蘸温水擦洗婴幼儿肛门，擦干净后，将毛巾清洗干净、拧干后将婴幼儿臀部擦干。

根据需要，如婴幼儿臀部有潮红可适当抹些5%鞣酸软膏，涂抹均匀后穿好裤子即可。

倒便盆，并将便盆清洗干净即可。

注意事项：尿布要备有一定数量，避免不够用；训练婴幼儿大小便不能操之过急，不要对婴幼儿提出过高的要求。

第三节　异常情况的预防与应对

一、婴幼儿家庭小药箱的配备常识

1. 常备内服药

退烧药，如小儿退烧口服液、百服宁糖浆等；感冒药，如小儿感冒冲剂等；助消化药，如小儿化食丸、酵母片等。

2. 常备外用药

5%生理盐水、2%龙胆紫、1%~2%碘酒、75%的酒精、棉球、棉签、创可贴、卫生棉、纱布、消炎药膏、眼药水等。

二、婴幼儿常见异常情况的发现与应对

婴幼儿期由于机体抵抗力、免疫功能较差，极易患病。同时，由于婴幼儿的自我保护能力差，也极易受到伤害。因此，早期预防、发现婴幼儿异常情况，并予以积极处置非常重要。要想及时发现婴幼儿的异常情况并做出处置，家政服务员就必须拥有高度的责任心、耐心、细心和爱心，密切注意婴幼儿的哭声、精神、食欲、睡眠、呼吸及大小便等情况。

1. 啼哭

婴幼儿喜欢啼哭是人们的共同认识，当婴幼儿饿、便溺愿望得不到满足又无法以语言进行表述时都会以哭来表示抗议。正常情况下婴幼儿的哭声是清脆、响亮、悦耳的，当其愿望获得满足时就会破涕为笑。

2. 精神状态

健康的婴幼儿均具有好动的习惯，且精神饱满，吃饱时便会手舞足蹈，表情欢喜，会学着与人说话。若婴幼儿一旦出现表情淡漠、不喜言笑、不爱睁眼睛、吃饱后逗婴幼儿反应迟缓或无反应等精神不振的表现，便要提高警惕，且要密切观察，并将情况报告婴幼儿的父母或亲人，但最好还是立即就医。

3. 食欲

当发现婴幼儿突然改变了原有的饮食习惯或饮食兴趣，并伴有哭闹，给其吃奶也予以拒绝，过一会再给婴幼儿吃仍然拒绝，或吃得很少，给婴幼儿平时很爱吃的东西也还是拒绝，这可能是婴幼儿已患病但尚未表现出明显的症状，应密切观察，且要将情况报告婴幼儿的父母或亲人，但最好还是立即就医。

4. 睡眠

婴幼儿时期其睡眠时间远比成人要多得多，且睡觉时均较熟，婴幼儿年龄愈小睡眠时间愈长。初生婴儿每日需睡 15 小时以上；12 个月至 2 岁每日需睡 13 小时左右；3 岁至 6 岁一般每日需睡 12 小时左右。如果发现婴幼儿每日睡眠时间减少，夜间睡得不安静，经常翻身且容易惊醒，如没有引起婴幼儿不睡觉的因素，就应该密切观察，看是否有潜在的疾病或缺乏钙质，且要将情况报告婴幼儿的父母或亲人，必要时应就医。

5. 便溺

平时婴幼儿小便较多，颜色淡黄且清晰。若婴幼儿出现小便次数少且便量也减少，颜色发黄、混浊，说明婴幼儿可能已在发热。一般情况下婴幼儿每日大便 3 次左右，如果婴幼儿出现大便次数减少，或大便次数明显增多，且有黏液相混，则说明婴幼儿可能已生病，应立即将情况报告婴幼儿的父母或亲人，并请医生诊治。

6. 呼吸

一般情况下婴幼儿的呼吸都较为均匀而平静。如果婴幼儿出现呼吸急促、表浅，呼吸深重或困难，甚至面色青紫、口唇发紫、手脚冰凉，多表明婴幼儿在发热或患有其他呼吸系统，或患有心血管系统疾病，或有呼吸道异物，在密切观察的同时要立即将情况报告婴幼儿的父母或亲人，且应立即看医生。

以上为婴幼儿常见的异常情况与处置基本措施，如不仔细观察有时是很难发现的。一般说来如果有几种情况同时出现，往往说明婴幼儿已经患病，由于婴幼儿患病具有起病急、变化快的特点，家政服务员在护理婴幼儿时，必须密切观察，做到早发现、早诊治，才有利于婴幼儿的健康成长。

第八章　照料老年人

第一节　饮食料理

家政服务员要能够掌握老年人饮食的基本特点和习惯，合理引导老年人科学进食，合理搭配食物，提高老年人的生活、饮食质量。老年人饮食基本特点如下。

（一）蛋白质摄入要满足需要

饮食中的蛋白质对老年人尤为重要，因为老年人的代谢主要是以分解代谢为主，因此，需要较为丰富的蛋白质补充组织蛋白的消耗。其供给量可按每天每千克体重 1~1.5 克计算。但是，并不是蛋白质补充的越多越好，过多地摄入蛋白质反而会加重消化器官和肾脏的负担，增加胆固醇的合成。目前，老年人膳食中的蛋白质最好有一半来自于乳、蛋、鱼、豆、肝及其制品。

（二）铁钙含量要丰富

老年人最易发生缺铁和缺钙，铁是血红蛋白的重要组成部分，由于老年人的循环机能较差，所以，应使老年人的血液中含有较多的血红蛋白来增强老年人的循环机能。目前，绿色蔬菜、海带、木耳、肝、肾、蛋类等为含铁量较高的食品。

老年人若缺钙，易患骨质疏松。为防止缺钙，老年人每天应多食奶、虾、大豆、芝麻酱、骨头汤及其制品。

(三) 补充适当的热量

由于老年人的基础代谢和物质代谢功能比较低,体力活动比较少,所以,饮食中热量应适当减少。如果热量的摄取大于消耗,势必引起单纯的肥胖。

一般而言,只要食欲得到满足,且体重维持不变,即说明膳食热量的供给是适当的。

目前,在我们普通的食品中,米和面所产生的热量较大,因此,老年人应尽量少吃米和面,多吃些产生热量较少的副食品,还可以多吃些粗粮,如玉米、红薯、山药等。

(四) 适当摄入脂肪食品

大多数人认为吃富含脂肪的食品就会导致肥胖。其实不然,老年人饮食中虽然不能有大量的脂肪,但也不能过分限制。因为如果脂肪摄入过少,不利于脂溶性维生素的吸收。

要注意的是,吃植物油比吃动物油要好,这样有利于保护心血管系统,特别是患有高血压、冠心病的患者更应注意。

(五) 平衡膳食,合理营养

在饮食安排上,要搞好食物搭配,同时还要保证平衡合理的营养,不可偏食,不可暴饮暴食,饮食结构不可作过大的变动。为了增强抵抗力,还应多吃富含维生素的食物;不可过量饮茶,应戒烟戒酒,肥胖者应少吃甜食。

第二节 生活料理

一、老年人的起居护理

要照顾好老年人的休息,家政服务员首先应了解老年人的睡眠特点。

1. 老年人睡眠的特点

刚睡时很疲倦，但只睡着不到一小时就醒了。

看电视容易打瞌睡，可是上床又不能入睡。

容易惊醒，醒后难以再入睡。

早上 4 时可能就醒了，夜间很容易醒。

2. 如何照料老年人的睡眠

保证老年人的休息环境。老年人的休息环境应保持清洁、安静、空气畅通，保证温度适中、通风良好等。同时，家政服务员要及时整理老年人的房间，避免房间凌乱、灰尘太多。

要保证老年人睡眠充足。根据老年人的睡眠习惯，调整作息时间，保证每天有 6 小时睡眠和 1 小时午睡。

临睡前，不要喝浓茶、咖啡，可稍吃点糕点和热牛奶，冬天热水泡脚，以助入眠。

注意正确的睡姿。最好头朝东睡、仰卧睡，这样有助于健康。

睡前保持情绪稳定，不要烦恼、忧虑或思考其他问题，安静、平和入睡。

二、照顾老年人洗澡

老年人由于年迈体弱，有的老年人眼睛也不好使；有的老年人腿脚也不灵便。如果有的老年人身残或有重大疾病等，并且子女不在身边，这时，老年人洗澡就更需要有人照料。

一是叮嘱老年人，不要在家政服务员外出的情况下洗澡，一旦浴室发生故障，无法及时排除；或者老年人身体发生意外，不能及时采取措施。

二是选择合适的洗澡时间。家政服务员不要让老年人吃完饭马上就洗澡，因为食物没有消化，心脏也得不到休息，选择饭后 40 分钟再洗澡较合适；洗澡时间不要过长，尤其是在浴盆内，不要浸泡时间过长，否则会因为头部循环血液的减少而引起暂时脑贫血，出现头晕眼花，出冷汗，甚至晕倒等症状。

三是家政服务员要提醒老年人不要用太热的水洗澡。热水会使皮下血管大量充血，造成头部和内脏血流减少，损坏老年人的身体健康。

四是洗澡完毕，家政服务员应让老年人在卧室休息片刻，并准备一定量的水供老年人饮用，以及时补充水分。

三、照顾老年人的体育活动和出行

老年人进行适当的户外运动或适当的体育运动，对身心的健康有很大好处。但是，老年人在体育锻炼时应注意锻炼方法和自身身体状况，不应盲目进行，那样反而会损害身体健康或加重已有疾病。因此，家政服务员应掌握老年人体育活动的规律，建议老年人科学锻炼。

第三节　异常情况的预防与应对

人到老年，身体的各个器官呈日渐衰老的状态，很可能会突发一些意外情况。作为家政服务员，能了解一些老年人常见意外情况的先兆，且能从容应对，那将对老年人的安全和疾病预防起到积极作用。

老年人的异常情况，可从精神状态、食欲变化、睡眠情况、大便异常 4 个方面加以判断。

一、精神状态

平时老人心情愉快、面色红润、谈吐流利、经常活动，且

具备吃饭快、说话快、入睡快的"三快"特征，应属于健康状态。如发现老人有下列情况，应引起重视。

不爱讲话，饭量明显减少，没精神，想睡觉又睡不踏实。遇有这种情况，一般应先给老人测量体温，如体温正常，应隔半小时再测量一次，并注意询问有无其他不适。

意识不清楚，问话得不到清楚的回答，甚至日常生活行为失准，如小便跑到厨房去尿等。

语言有障碍。若突然语言不清或语言发生障碍，应想到是否脑血管病变或器质性脑病变。

面部表情异常。老人出现面部表情痛苦，身体前躯下弯，手捂胸口，是突发心绞痛的症状。如家中有速效救心丸，可先帮助老人放入舌下含化。

发生以上几种情况，家政服务员在采取应急处理的同时，也应迅速和其家属或子女进行沟通，并要及时拨打120急救电话，请医生上门诊治。

二、食欲变化

正常老人饭量较稳定，如发现下列情况应引起重视。

老人饭量逐渐减少，体重明显下降，出现身心疲惫状，首先应考虑是否患有癌症，应建议家人带老人去医院进行全面、系统检查。

老人饭量突然大增，就餐次数明显增加，但体重却迅速下降，日渐消瘦，应考虑老人是否患了甲状腺功能亢进症。应迅速和家人联系去医院检查。

老人出现"三多一少"现象，如吃得多、喝得多、尿得多、体重减少，并伴有疲劳、消瘦等，很可能患上糖尿病，应建议其家人带老人去医院检查。

总之，饭量的变化，是判断老年人出现异常情况的一项重要指标，细心观察，有利于提前预防和及时治疗。

三、睡眠情况

老年人一般夜间能保持 5~6 个小时睡眠，白天午休 0.5~1 个小时。

尽管有早醒的习惯，但只要是自然醒，醒后精神好，即属于正常。不正常的情况，如失眠。年纪大了，觉少，往往夜间睡眠不佳，有的躺下较长时间不能入睡，有的则早早醒来，白天没精神。对此，家政服务员应协同其家人找出失眠原因，如因生活习惯不良，应给予调理纠正。有的老人白天坐在沙发上一会儿一小觉，夜间自然睡不好。白天空闲时，家政服务员可陪同老人聊天、下棋，尽量让老人少睡觉。习惯成自然，久而久之，晚上老人自然就能睡好了。

嗜睡。多次呼叫不醒，且伴有严重的鼾声，多数是脑中风的表现。此时家政服务员应告知家人，立即送老人去医院诊治。脑中风的黄金抢救时间是 6 小时之内。大便异常。老人大便次数、大便量、大便稀稠度，以及大便是否通畅、是否有规律，是老人消化功能和健康状态的风向标。正常大便较有规律，一般一天一次，大便成形，气味无明显变化。

四、便秘

便秘是老年人的常见病、多发病，其危害不可忽视。有许多心梗病人死于马桶上，就是因为大便干结，在用力排便时诱发心、脑血管病并发症所致。家政服务员发现老人便秘，除了协助老人使用开塞露通便，最重要的是要分析老人便秘原因，从改善老人生活习惯入手，主动预防便秘发生。

预防便秘措施。

多喝水，晨醒后喝一杯加蜂蜜的温开水，两餐之间也要补充水分。

多吃蔬菜，特别是含粗纤维较多的蔬菜，如芹菜、韭菜、大白菜等。

多吃粗粮，如玉米、燕麦、荞麦等，不仅通便，还可降血脂、血糖。

多吃水果，两餐之间多吃应季水果。

第九章　护理病人

第一节　饮食料理

一、常见病人饮食特点

（一）感冒病人饮食特点

感冒病人饮食宜清淡，感冒初期宜适当多饮白开水，后期应进食大量新鲜水果。日常饮食以面食为主，可摄入高维生素、高蛋白质的食物。感冒后期可适当多食用大枣、芝麻、银耳、黄豆制品、黑木耳等可开胃健脾的食品，以及调补正气的食物。感冒病人不宜食入过量的油腻食品、脂肪、浓茶和咖啡等。

（二）发热病人饮食特点

病人在发烧期间要多喝开水，为促进食欲，可以在开水中加入带酸味的果汁，也可根据病人的喜好增加牛奶、豆浆、米汤、菜汤等，适当增加维生素和无机盐的摄入量。长期高烧的病人应进食高蛋白、高热量、高维生素的食物。

（三）腹泻病人饮食特点

1. 急性腹泻病人饮食特点

（1）急性水泻期需暂时禁食，以使肠道获得较好的休息。为防腹泻脱水可酌情到医院进行静脉补液。

（2）不需禁食者，发病初期可食用清淡流质饮食，如果汁、米汤、面片汤等。早期禁牛奶、蔗糖等易产气的流质饮食。

（3）病情好转、排便次数减少后可食用低脂流质饮食，或低脂少渣、细软易消化的半流质饮食，如大米粥、烂面条、面片等。

（4）腹泻基本停止后，可食用低脂少渣的半流质饮食或软食。要少食多餐，以面条、馒头、烂米饭、瘦肉粥等为主，但要限制食用含粗纤维多的蔬菜、水果等食物。

（5）要在医生指导下适当补充复合维生素 B 和维生素 C，可适当多食用鲜橘汁、菜汤、果汁、番茄汁等。

（6）忌肥肉、油腻食物，禁酒，忌坚硬及含粗纤维多的蔬菜、生冷食物，忌瓜果、冷饮等。

2. 慢性腹泻病人饮食特点

（1）低脂少渣。为减轻胃肠道的负担，慢性腹泻病人每天脂肪摄入量应控制在 40 克左右。可食用瘦肉、鸡、鱼、虾、豆制品等，且要少渣，少粗纤维。腹泻次数较多者最好不吃或少吃蔬菜和水果，但可适当饮用鲜果汁、番茄汁以补充维生素。烹调技法以蒸、煮、烩、烧等为主，禁用油煎炸、爆炒、滑溜等烹饪技法。

（2）为改善病人的营养状况，应在医生指导下给予高蛋白、高热量饮食。

（3）忌食用粗粮、生冷食品、瓜果、冷拌菜、韭菜、芹菜、榨菜、火腿、香肠、腌肉、辣椒、烈酒、芥末以及肥肉等高脂肪食物。

（四）高血压病人饮食特点

高血压病人应根据自己饮食特点选用所喜欢的食物。三餐的热量分配要科学，早餐占 30%、午餐占 40%、晚餐占 30%。

高血压病人饮食应注意以下几点。

（1）饮食要清淡、少盐、低脂肪。尽量减少脂肪类饮食，如肥肉、动物油脂等。食盐每日总摄入量应不超过 5 克。

（2）早餐应少吃油炸食品，如油条、油饼等，而馒头、面包、面条、米粥、去脂牛奶及豆浆均是较好的膳食。

（3）常吃豆腐及豆制品、豆芽、新鲜蔬菜、水果、瘦肉、鱼、鸡等，若无高脂血症，每日可食一个鸡蛋。

（4）进食不宜过饱，每餐控制在八成饱即可，过饱伤胃，增加心血管负担，加重病情。由于怕浪费而把油汤吃下去更不可取。

（5）饭后不要立即躺下，至少活动半小时。

（6）忌喝浓茶和含咖啡因类饮料。浓茶、咖啡可使大脑兴奋，对心脏有刺激，可使血压升高，胃肠功能亢进。饮料、水果罐头含糖较多，均宜节制。

二、病人进餐护理方法

1. 卧床病人进餐护理方法

卧床的病人往往失去了自食能力，家政服务员必须协助喂饭。饭前用温水给病人洗脸，帮病人洗净双手，让病人取坐位或半坐位或侧卧位，胸前围上干毛巾，床边放洗脸毛巾。喂饭时要尊重病人的习惯，食物温度、喂食速度要适当，要与病人相互配合。

2. 视力障碍病人进餐护理方法

视力障碍的病人进餐时，家政服务员应给予充分协助，无法视物的病人应给予喂食。食物的味道要可口，进餐时向病人说明餐桌上所放食物及其位置。要提醒病人注意热汤、茶水等，以免引起烫伤。

3. 吞咽困难病人进餐护理方法

吞咽困难的病人进餐时很容易发生食物误入气管的症状，因此，在进食过程中家政服务员应严密观察吞咽状态，以防发生意外。进餐时，体位非常重要，一般采取坐位或半卧位比较安全，偏瘫的病人可采取健侧侧卧位。

三、病人饮食制作与照料

（一）饮食制作

许多疾病因治疗的需要往往需要配合饮食疗法，这些饮食内容和要求一般均由医生制订方案，家政服务员仅需按照医生的医嘱制作即可。病人的特殊饭菜一般均由医院营养食堂在营养师的指导下制作供给。但有的病人喜食自家饭菜的口味，或者在家休养时，就要由家政服务员来制作饭菜。本章节主要介绍病人饮食的制作原则与注意事项，有关制作技术方法请学习家庭餐制作内容，此处则不再赘述。

1. 病人饮食分类

病人的饮食可分为基本饮食、特别饮食、试验饮食三大类。基本饮食和特别饮食均适于家庭制作；试验饮食则必须由医院的营养师制作，流质饮食因在制作上有一定的难度，因此，在此均不再赘述。

（1）基本饮食。

①正常饭菜：与正常健康人的饭食基本相同，但要少用油炸的、不易消化的、带有刺激性的食品。正常饭菜适于病后恢复期病人、没有消化道病症的病人、没有咀嚼不便的病人、没有高热的病人和一般妇产科病人。

②软饭菜：与正常饭菜接近，只是要选少渣、易咀嚼、易

消化的食物。软饭菜适于恢复期病人、消化能力弱的病人、老幼病人、有低热或发热刚退的病人。

③半流质饭食：半流质饭食包括稀粥、面片汤、软面条汤，制作过程中可适当加一些肉糜、肉松、鱼松及蛋糕等易咀嚼、易消化、少渣的食物，适于口腔有病或咀嚼不便、消化道疾病患者、体质较差者、高热病人、术后病人。半流食要少量多餐，一般每日用餐 5~6 次。

（2）特别饮食。特别饮食主要是指高蛋白、高热量饮食，低蛋白、低脂肪、低胆固醇饮食，少渣、少盐饮食等。这类饮食往往需要遵照医生的医嘱。

2. 常见病人饮食

许多病人由于不注意饮食而导致病情加重，所以在制作病人饮食时一定要遵照医嘱，并注意饮食禁忌。

（1）高蛋白饮食。所谓高蛋白饮食是指在正常膳食基础上增加蛋白食物。高蛋白饮食适于慢性疾病，消耗性疾病如肺结核、肿瘤、肝硬化、慢性肾炎等病人，手术前后的病人，放化疗的病人，体重过于低下者等。需要高蛋白饮食的病人基本上都需要增加营养。

蛋白有动物蛋白和植物蛋白两种。拥有丰富动物蛋白的食物有鱼、肉、蛋、乳与禽畜内脏；拥有丰富植物蛋白的食物主要是豆类与豆制品。高蛋白食物并非多多益善，如果将超过人体消化吸收能力的过量蛋白质摄入体内，轻者可引起消化不良，重者则会蛋白中毒，因此，增加蛋白质应在医生指导下进行。

（2）低蛋白饮食。有些疾病影响到人体的蛋白质代谢，因此，有的病人需要低蛋白质饮食，如急性肾炎病人、肾功能不全病人、尿毒症病人、肝功能严重损害病人、肝昏迷病人等。低蛋白饮食最好是遵照医嘱或每天蛋白质摄入量应限制在每日

20 克左右。

（3）低胆固醇饮食。心脑血管病人、肝胆疾病病人、高脂蛋白血症病人、高胆固醇血症病人要控制食用高胆固醇食物，应少食动物脑、动物内脏、动物油、蛋黄、鱼子等。

（4）少盐饮食。高血压病人、心力衰竭伴水肿的病人、肾炎伴水肿的病人、肝硬化伴水肿的病人、妊娠毒血症病人及各种水肿病人都应控制盐的摄入量。

（5）少渣饮食。消化道溃疡、肠炎、痢疾病人，胃肠、肛门手术后复原期病人，口腔疾病或咀嚼不便的病人都应采用少渣易消化食物。

（6）低糖饮食。糖尿病病人、肥胖病人应控制糖的摄入量。

（7）高热量饮食。适于营养不良、恢复期、肝炎、肝硬化、甲亢等病人，食物可选用牛奶、豆浆、粥、藕粉、面包、馒头、蛋糕等淀粉食物。

（8）低脂肪饮食。高血压、高血脂症病人，急性胆囊炎、胰腺炎、肝炎病人，肠炎、痢疾病人，过于肥胖者宜吃一些清淡食物，少吃一些煎、炒、烹、炸食物，特别是动物油和肥肉。

（二）给卧床病人喂食（水）

1. 喂食前的护理

（1）喂食前应先协助病人排除便溺，且便溺后要及时撤除便盆，以免进食时产生便溺需要而影响食欲。

（2）喂食前应暂停非紧急的治疗、检查和护理工作，为病人创造轻松、愉快的进食心情。

（3）开窗通风换气。饭前半小时病人居住房间要开窗通风换气（注意不要让风直接吹到病人），移去便器等，以保持进食环境空气清新，无不良视觉景象。

（4）协助病人洗手、漱口，病情严重者给予口腔护理，以促进食欲。

（5）协助病人采取舒适的进食姿势。如果病人病情允许，可协助病人下床进食；不能下床者，可协助采用坐位或半坐位；不能坐起进食的病人，应将病人采取半卧位或侧卧位，且头要偏向一侧。

（6）调试好饮食温度。病人饮食不能太热也不能太凉。

2. 给卧床病人喂食（水）步骤

（1）病人进食期间是进行饮食健康教育的最佳时机，家政服务员应有目的、有针对性地、及时地解答和讲解病人在饮食方面的问题，帮助病人纠正不良饮食习惯及违反医疗原则的饮食行为。

（2）喂饭时先将饭勺接触病人唇部，再将饭菜送入其口内。一般先给病人喂一口汤以湿润病人口腔，刺激其食欲，然后再喂其主食。喂汤时先让病人张大口，且适当抬头，从病人舌边缓缓倒入口中，切勿从正中直接倒入，以免呛入气管。每次喂食的量和速度要适中，温度要适宜，饭和菜、固体和液体食物应轮流喂食。对双目失明或眼睛被遮盖的病人，除遵守上述喂食要求外，还应告知喂食内容以增加其进食兴趣，促进消化液的分泌。

3. 喂食（水）后的护理

（1）饭后应给病人喂些温开水，以使病人感觉口内清爽。病人如果能够自主漱口，可让其自主漱口。

（2）擦干净病人嘴角，撤掉辅助进食物品。必要时用温水为病人洗脸，整理好床铺，安排病人休息。

第二节 生活料理

一、卧床病人盥洗常识

每日晨起给病人进行全身清洁卫生护理，特别对危重病人非常重要。这样可使病人身体清洁卫生，促进身体受压部位的血液循环，预防褥疮及肺炎等并发症的发生。晨起先协助病人排便，然后进行口腔护理、洗脸、洗手、按摩全身，最后梳头。翻身时注意检查皮肤受压情况，擦洗背部时，用50%酒精轻轻按摩病人骨凸处，并涂以适量爽身粉，包括身体皮肤皱褶处。整理床铺，必要时更换衣服和床单。酌情开窗通风换气。

给病人洗脸漱口，先在病床或炕头垫上一块大毛巾或塑料布，以免弄湿被褥，脸盆放在床头边。能自己洗漱的，家政服务员可给病人温毛巾，先洗脸、手再漱口；不能自己洗的，家政服务员可将毛巾缠在手上，帮助病人擦洗脸部，再洗净双手、清理口腔及进行全身护理。

晚间护理是在晚饭后病人入睡前所进行的清洁卫生护理，目的是为病人创造良好的睡眠条件，使病人清洁、舒适，易于入睡。护理内容有漱口、洗脸、洗手、擦洗背部和臀部，用热水泡脚，为女病人冲洗外阴部等。在给卧床不能动的病人清洗下身时，应在臀下先放好便盆，然后用壶装温水，水温以35℃为宜，自会阴上部向下部冲洗。女病人可适当擦以肥皂，将大阴唇分开自上而下擦洗，最后再冲洗肛门周围，洗完用温毛巾擦干即可。

二、体温测量基本常识

体温表按其使用部位的不同有口表、腋下表和肛表三种，均为玻璃制成，里面有水银。水银遇热上升的刻度就是人体的温度数。体温表的最低值为35℃，最高值是42℃。人的正常体温在36~37℃，使用肛表所测得的直肠温度可比腋下测得的温度高0.5℃左右。婴幼儿的体温可比成人体温高0.5℃左右。

测体温前，首先应观察水银柱的指示刻度，水银柱应在35℃以下；如水银柱在35℃以上，应持体温表尾端，即42℃端，手腕急速向下甩动，将水银柱甩至35℃以下；甩动时要注意四周，避免碰到周边物体而损坏。测体温一般均将体温表放置于腋下、口腔或肛门内，要根据体温表的类型和病人的情况而定。

腋下测体温法是最安全、简便、卫生的。腋下测体温时，若病人出汗较多，应先用干毛巾擦去腋窝的汗水，再把体温表的水银端插入腋窝中，让病人夹紧，5分钟后取出读数。注意测体温时不能隔着衣服，或在洗澡后、冷敷后20分钟内进行，以免测得的体温不准确。腋下测体温的方法尤其适合婴幼儿。

三、病人照料实际操作

1. 照料病人盥洗

（1）物品准备。为病人准备好盥洗用具，如牙刷、牙膏、香皂、毛巾、盥洗用水等。

（2）洗脸。

①用温水将脸部打湿（水温以不超过40℃为宜）。

②根据病人的肤质选用适当的肥皂，并依季节的变化而更换。

③将肥皂在掌中搓揉起泡，再用双掌按摩清洗病人脸部。

④搓洗干净之后再用清水冲洗，确定肥皂冲洗干净后，再用干毛巾轻轻拍干。

⑤洗完脸后，可依病人的喜好擦拭化妆品（以保湿型化妆

品为主)。

（3）洗手。

①脸盆装 40℃左右的温水置于病人床边。

②意识清楚、双手能够活动的病人，家政服务员将毛巾浸湿，拧至不再往下滴水，交由病人自己擦洗双手；意识不清者由家政服务员为其擦洗。

③手部较脏的，家政服务员应先将肥皂搓于手心，然后为病人搓洗双手。

④肥皂搓洗干净后，将病人双手置于床沿下，手下方置接水盆。

⑤用水杯装温水将病人的双手冲洗干净。

⑥最后将毛巾清洗并拧干或另用干毛巾将双手擦干净即可。

（4）洗脚。

①晚间睡前用温水泡脚 20 分钟左右，水温以脚能耐受为度，水面以淹没足踝部为宜。

②浸泡时用双手不断按摩病人足底、足背，直到皮肤微红、两脚发热为止。

③用干毛巾擦干双脚，皮肤干燥者可适当涂些护肤品。

2. 照料卧床病人的便溺

（1）准备必要用品。坐便架、坐便器、35℃温水、清洁用盆、小毛巾、卫生纸、凡士林软膏等。

（2）为病人创造适宜的排便环境，解除其紧张心理。勿取笑、戏弄病人，在病人面前切勿表现出厌烦情绪。必要时应给病人做会阴部热敷并轻轻按摩或制造流水声，以刺激排尿。

（3）如病情允许，可将病人扶或抱下床，使其坐在坐便架上，架下放坐便器。

（4）如病人不能坐起，家政服务员协助病人脱裤过膝盖，并使其屈膝，一手托起病人的腰及骶尾部，将病人臀部抬起，另一手将坐便器置于病人臀下。

（5）便后用卫生纸擦净病人下身，必要时用温水冲洗会阴及肛门。腹泻病人洗完肛门后，可在肛门周围涂上凡士林以保护肛门皮肤。

（6）家政服务员一手托起病人腰及骶尾部，将病人臀部抬起，另一手轻轻取出便盆，将病人置于舒适卧位，盖好被服，整理床位，清理杂物。

（7）注意事项。

①坐便架要放置平稳。

②取放便盆时要将病人的臀部抬起一定的高度，不要过于用力拖拽便盆，以免损伤病人皮肤。

③凡士林涂抹要均匀，量不能太多，要避免其粘到其他衣物上；否则，清洗起来则较为困难。

3. 给卧床病人洗头

（1）准备好必要用品。100厘米×80厘米塑料布、大毛巾2块（一干一湿）、小毛巾1块、棉球2~4个、内装35~40℃温水的水壶1个、洗发液适量、梳子等。

（2）将枕头置于床沿，并在床沿及枕头边铺塑料布及毛巾。

（3）病人仰面斜躺于床上，头部探出床沿。

（4）病人肩下垫枕头，松开病人衣领并将衣服领向内折卷，颈部围上毛巾。

（5）用棉球塞住病人两侧耳朵，用小毛巾遮盖双眼，松散头发并垂于床沿下。

（6）用温水将病人头发冲湿，抹上洗发液并轻轻搓洗头发，按摩头皮。

（7）头发搓洗干净后，用温水将头发上的泡沫冲洗干净；

若病人头发较脏，可重复冲洗几次至头发松软滑润，病人感到舒适为止。

（8）擦干病人头发，并用干净的温水将其面部擦洗干净，必要时要为病人适当涂抹护肤品；取出耳内棉球及盖眼的毛巾，取掉枕头、塑料布及围在颈部的毛巾。

（9）为病人整理好衣服，若病人肩部有压皱，要作适当按摩；将病人置于床上舒服位，为病人盖好衣被；头下垫干的大毛巾，待头发干后取下，梳顺头发，清理杂物。

第三节　异常情况的发现与应对

一、常见病人的异常情况

1. 发热

发热是指体温高于正常值，或一天内体温相差 1℃ 以上。人在发热时均会感到全身不适、乏力、畏寒、四肢关节酸痛等表面症状。引起发热的常见疾病一般有三种。

（1）急性上呼吸道感染。急性上呼吸道感染俗称伤风或感冒，多为病毒引起，少部分为细菌感染引起。发热是本病的主要症状，一般体温均不太高，多在 38℃ 左右，发热前多有畏寒或寒颤，少数病人体温可高达 39~40℃，常伴有声音嘶哑，全身关节酸痛、乏力等症状。该病多发于冬春季节，或由于受凉、过度疲劳引起。发病急，一般均有鼻塞、流鼻涕、打喷嚏、畏寒、咳嗽、咽痛等症状。

（2）急性支气管炎。细菌、病毒的侵入或气体、烟雾、尘埃、气候等物理、化学因素的刺激均可引发急性支气管炎。发热和咳嗽是本病常见症状，体温一般在 39℃ 左右，但很少会超过 39℃，孩子发热较明显，老年人发热不明显；咳嗽为阵发性、刺激性干咳，胸闷、胸痛；数天后痰转为黏稠脓痰；病情较重者常有气急等。本病多发于冬、春两季或气候突变的状况下，病人先有鼻塞、咽痛、畏寒、流涕、全身肌肉酸痛等上呼吸道感染症状。

（3）肺炎。发病急，病人畏寒或寒颤，先冷后发高烧，体温常常高达 40℃ 以上，约需要一周，发热才会逐渐降低。病人胸部刺痛，咳嗽、咳痰，初为干咳或有少许黏痰，随病程渐进痰呈黏稠脓性，痰中有血丝或呈铁锈色。由于发热较高，病人多有头晕、头痛、疲倦、乏力、全身肌肉酸痛、食欲不振等症状。本病多发于冬春两季，天气骤冷骤暖，保暖不及时，或被雨水淋湿后，容易发病。

（4）注意事项。无论是何种疾病引起的发热，在未经医生明确诊断的情况下均应尽早就医，以明确诊断并及时治疗，并在医生的指导下对病人进行科学的家庭护理。

2. 头痛

头痛是一个常见的症状，头部和身体其他部位的某些疾病均可引起头痛。

（1）脑溢血。脑溢血俗称脑中风，是指脑颅内出血，发病原因大多由于高血压和脑动脉硬化引起脑血管破裂。发病前几小时或几天内部分病人可有头后部或颈项部疼痛，头晕，一侧肢体麻木或无力。病人常会突然昏倒，不省人事，喷射状呕吐，呕吐物像咖啡样液体；病人面色潮红或苍白，呼吸深沉（鼾样呼吸）；大小便失禁等。发病突然，病人常在活动时突然跌倒，少数人亦有在睡眠时发病。多数病人常有一侧肢体不能自如活动。

（2）高血压病。高血压病的病情发展是非常缓慢的。头痛亦是本病的主要症状，头痛的部位常在后脑部或两侧太阳穴。头痛以早晨起床时为重，洗脸或进餐后可略减轻，剧烈运动或劳累后加重。常见症状还有头晕、头脑嗡嗡作响、耳鸣、失眠、心跳、气短、烦躁，工作时的思想不易集中，易于疲劳等；有时有手指麻木和僵硬感，手臂上好像有蚂蚁在爬行，两小腿对寒冷特别敏感；多走路会腰痛，并引起颈、背部肌肉酸痛、紧张等。

高血压病在早期如未能够得到合理治疗，随着病情的发展就有可能发生以下并发症。

①高血压性心脏病：病人早期只在劳累时发现心跳加快、气急等现象。随着病情加重，即使在休息时也会觉得气急、心跳加快，浮肿也慢慢出现。严重的病人只能卧在床上，即使如此，也气急得大口呼吸。

②高血压性脑溢血：病人突然口角流涎，说话困难，吐字不清，失语，吞咽困难，四肢一侧无力或活动不灵，手持物无力，走路不稳或突然跌倒等。头痛、头晕的形式和感觉与往常不同，程度较重。面、舌、唇有发麻感，肢体亦麻木，有一过性失明，甚至有耳鸣、听力改变或眩晕。意识障碍，嗜睡，性格变异，孤僻，表情淡漠或多语急躁，有的可出现短暂的意识丧失或智力减退。全身疲乏无力，出虚汗、低热、胸闷。

③脑血栓：通常情况下病人意识较清楚，生命体征平稳，但是，当大脑大面积梗塞或颅底动脉闭塞严重时，可能会意识不清，甚至会出现脑疝而死亡。颈内动脉系统梗塞时，可能会出现对侧偏瘫、偏身感觉障碍、失语、抽搐及同侧单眼失明；椎—基底动脉系统梗塞时，可能会眩晕、眼球震颤、共济失调、一侧球麻痹、交叉性感觉障碍、舌肌麻痹、吞咽困难、发音不清、双侧下面部肌无力等。完全型病人病情常较严重，表现为

完全性偏瘫。

④高血压肾病：病人早期一般没有不适症状，小便也无异常，到了肾小动脉发生硬化时，肾脏就会受到损害而萎缩，肾功能逐渐减退，出现夜间尿频、多尿、尿色清淡，如果肾功能进一步衰退，最终可导致肾功能衰竭（尿毒症）。

⑤高血压脑病：本病是血压急剧升高所引起的急性脑功能障碍，为恶性高血压的一种临床表现。病人起病急，血压常突然升高，伴剧烈头痛和神志改变以致抽搐。常有呕吐，可有短暂性意识障碍、嗜睡、神志朦胧至昏迷程度不等，亦可有短暂性失语、轻度一侧肢体瘫痪，有些病人可见单侧肢体或全身性痉挛等。

（3）功能性头痛，亦称精神原性头痛。主要包括神经衰弱、癔病、脑震荡后遗症、抑郁症、更年期综合征。头痛常反复发作，以胀痛为主，部位不定、性质含糊、无一定规律，常在头顶部有帽状紧缩感，或前额到颈部牵拉痛，头顶像有许多小虫在钻来钻去的感觉。另外，常伴有头晕、乏力、多梦、失眠、记忆力减退、思想不集中等症状，病程长，时好时发。

（4）偏头痛。偏头痛是由于颈内、外动脉及其他脑膜分支的血管运动功能障碍引起。偏头痛多见于青年女性，常从青春期开始发病，可有家族史。发病前可有先兆，如看不清东西、眼前有光点、暗点在闪动或迷雾等。头痛常偏于一侧，偶尔两侧或左右交替，性质多为剧烈的搏动性头痛，有时为胀痛或敲击痛。常有恶心呕吐，每次发作历时 1~4 小时，甚至数天，为周期性，一年数次或一周数次不等。平时如常人，无任何不适。常在疲劳、紧张、睡眠欠佳、月经期、特定季节发病。病人可有多汗、流泪、面色苍白、心率加速或减慢症状。

（5）三叉神经痛。本病多发于年龄在 40 岁以上的人群，疼痛程度较剧烈，为突然阵发性闪电样、刀割样、触电样或撕裂样疼痛，每次疼痛时间多很短，从数秒钟至数分钟，个别人也可达数小时，突然发作和突然停止是其特点。发作时可引起同侧面部潮红、烧灼感、视力模糊、流泪和面部肌肉痉挛。疼痛发作可因口舌的运动或外来的刺激引起，如讲话、刷牙、洗脸、进食等。因而病人不敢讲话、洗脸或吃东西，甚至连口水都不敢下咽。疼痛为周期性发作，病程初期发作较少，间歇期较长，随着病情发展，发作次数频繁，间歇期缩短。

3. 腹痛

腹痛是最常见的症状，很多疾病均可引起腹痛，但以腹部的疾病最多，当出现腹痛后，应注意以下几个方面。

（1）急性腹痛，急而重，病情在短期内加重，并出现脉搏增快、四肢发冷、神志不清等症状，可能是急性出血性坏死性胰腺炎、溃疡病穿孔、脏器扭转、急性出血性坏死性小肠炎、内脏破裂、出血、急性肠梗阻及化脓性胆管炎等。

（2）发病快，但一般情况较好，无脉搏加快、四肢发冷及神志不清等情况，且常在短期内病情好转，多为胆道蛔虫病、肠蛔虫病及输尿管结石等。

（3）发病时腹痛较轻，经自行处理后可以好转，变成慢性，以后常有反复发作，可能为胆囊炎、阑尾炎等。

（4）起病慢，腹痛轻，常反复发作，或长期持续性隐痛、钝痛者，有可能为癌症或慢性炎症。

（5）阵发性绞痛，多为胆道或输尿管等阻塞的表现。

（6）肠绞痛因为是肠持续性收缩，同时有肠蠕动增加及咕噜噜声音增多。

（7）阑尾炎为转移性右下腹痛，疼痛先在脐周围，最后疼痛固定在右下腹部。

（8）溃疡病穿孔前常有"胃涨气痛"发作，穿孔时疼痛剧烈。胆道蛔虫病上腹痛像刀割样，不痛时像没病一样。

（9）脐上方偏左疼痛，以胃溃疡多见，脐上方偏右疼痛，以十二指肠溃疡为多见。

（10）胸口痛，病灶多在肝脏、胆道。胰腺炎、结肠脾区疾病，疼痛常在左侧肋弓的下方。

（11）胆囊、结肠、肝区疾病，腹痛常在右侧肋骨弓下方。

（12）十二指肠溃疡疼痛常在空腹时发生，吃点东西后疼痛会好转或不痛。

（13）吃油腻食物后上腹部疼痛，可能是胆囊疾病。

（14）吃饭后脐部不舒服，疾病可能在小肠。

（15）吃过量食物后突然出现脐上方疼痛，可能是急性胰腺炎或溃疡病穿孔。

（16）腹痛同时有呕吐，多数为溃疡病、急性胆囊炎等。

（17）腹痛同时有腹胀，应考虑为急性胃扩张、急性腹膜炎。

（18）腹痛同时无大便，且胃肠咕噜噜声音增多，多为肠梗阻。

（19）腹痛同时有怕冷、发热时，往往为腹腔内发炎，如急性胆道感染、腹膜炎。

（20）腹痛同时有小便痛、小便急，次数增多，常为尿道结石或发炎等。

（21）腹痛同时出现大腿根部或脐周等部位有肿块，可能是小肠疝气。

4. 腹泻

腹泻是指排出体外的大便异常稀薄，便中含有未消化食物，甚或脓血便，日排便次数频繁，亦或伴有排便急迫感、失禁、

肛门周围不适等症状。由于腹泻常导致大量肠液和钾离子流失，多次腹泻后可造成血液中的水、电解质紊乱，应适时看医生。

急性腹泻，水样便，脐周疼痛，可伴有发热，有食用不洁、变质食物或使用过敏的食物史，多为胃肠炎类疾病。

急性腹泻伴有发热等全身症状，脓血便，多为细菌性痢疾、阿米巴痢疾或溃疡性结肠炎等疾病。

慢性腹泻伴发热，多为慢性痢疾、血吸虫病、肠结核和结肠癌等疾病。

慢性腹泻还有间歇性便秘，多为结肠过敏、直肠或结肠息肉、结肠癌等疾病。

粪便呈酱红色或血水样，含有脓血小块，量多且有恶臭，多是急性阿米巴痢疾。

粪便量多，恶臭异常，呈灰白色油脂状，一般为脂肪消化及吸收障碍所致的腹泻，即消化不良。

严重腹泻，伴有剧烈呕吐、发热、严重脱水，粪便呈米泔水样，可能是霍乱和副霍乱。

二、紧急呼救常识

根据病人医疗环境的不同，一般可以将病人分为两类：一类是居家康复、治疗型病人；另一类是住院医疗病人。这两类病人因医疗环境的不同，在发生紧急情况时的呼救方法亦有所差异。

1. 居家康复、治疗型病人的呼救方法

处于该类环境中的病人一旦发生异常情况，首先应了解病人的基本情况。如果病人生命体征均较好，能够自行处理的，可以自行处理，也可以请家庭保健医生上门为病人进行进一步的诊治，或自行安排将病人送到医院，请专业医生为病人提供诊疗方案；如果病人情况较严重或无法自行判断病人出现的异常情况，应立即拨打"120"紧急救护电话请急救医生迅速上门为病人提供医疗服务。拨打"120"急救电话时应明确告知病人的姓名、居住地址（区、街道、路名、门牌号码）、联系人姓名、联系方式以及病人的基本情况。随后要安抚病人，并将病人的异常情况通报给病人的亲属。

2. 住院医疗病人的呼救方法

我国现今大部分县级及以上级别的医疗机构的设施均较为先进，一般在住院病人的床头或床的一侧均设有紧急呼叫系统，当病人发生异常情况时只要按动呼叫器，医护人员均会立即到达病人身边，为病人提供医疗服务。除此之外，家政服务员也可以迅速到医护站向医护人员反映病人的异常情况，请医护人员到病人身边为病人提供医疗服务。

三、病人异常情况的发现与应对

1. 病人出现发热

引起发热的常见疾病有急性上呼吸道感染、急性支气管炎、肺炎等。

当病人出现发热时，无论是何种疾病引起，在未经医生明确诊断的情况下均应尽早就医，以明确诊断并及时治疗；在没有明确诊断之前，家政服务员一定不要凭主观臆断给病人用药。此时家政服务员要在医生的指导下对病人进行科学护理。

2. 病人出现头痛

头痛是一个常见的症状，头部和身体其他部位的某些疾病均可引起头痛。容易引起头痛的疾病主要有脑溢血、高血压病、功能性头痛亦称精神原性头痛、偏头痛、三叉神经痛等。

从容易引起头痛的这些疾病不难看出，头痛病人所面临的危险还是较大的。因此，当病人一旦出现头痛时，无论是什么原因引起，即使病情看起来很轻，亦应立即报告给医护人员或报告给病人的家属，以期获得及时、准确地医疗。

3. 病人出现腹痛

腹痛是最常见的症状，很多疾病均可引起腹痛，但以腹部的疾病最多，当出现腹痛后，应注意以下几个方面。一般情况下，小孩腹痛以蛔虫病、肠套叠、肠道发炎及先天性不正常等为多；青壮年腹痛最常见的有阑尾炎及消化性溃疡等；中老年的腹痛，应想到有癌症的可能；女性要考虑妇科病。

病人生命体征良好，家政服务员可以先行自行处理，经自行处理后如仍不见明显好转应立即报告医护人员，请医护人员对病人进行科学的诊治。

4. 病人出现腹泻

腹泻有急性和慢性两种。急性腹泻发生于胃肠炎类、细菌性痢疾、阿米巴痢疾、溃疡性结肠炎等疾病；慢性腹泻发生于慢性痢疾、血吸虫病、肠结核、结肠癌、结肠过敏、直肠或结肠息肉等疾病。由于腹泻常导致大量肠液和钾离子流失，多次腹泻后可造成血液中的水、电解质紊乱。因此，腹泻病人应及时看医生，并按照医生的要求进行系统地检查和治疗。

5. 病人出现咳嗽

咳嗽较多见的疾病有急慢性支气管炎、胸膜炎、心力衰竭等。

由于引起病人咳嗽的病因较多，且较为复杂，尤其是长期咳嗽的病人一定要尽快看医生，以便获得及时而有效的医疗服务。

6. 病人出现胸痛

胸部疼痛可能为心绞痛、心肌梗死、心肌病、肺炎、肺结核、肺癌、大叶性肺炎、自发性气胸、渗出性胸膜炎、肺梗死、过度换气综合症等疾病。

从胸痛所提示的疾病可以看出，胸痛所引起的疾病是多而严重的。

因此，当病人出现胸痛时，家政服务员要立即将病人的情况通报医护人员，以保证病人能够获得及时的救治。

7. 病人出现呼吸困难

呼吸困难可能为肺炎、肺脓肿、胸膜炎、肺结核、脑炎、脑膜炎、慢性支气管炎、阻塞性肺气肿并感染、急性左心衰竭、大叶性肺炎、胸膜炎、自发性气胸、肺梗死、肺癌、急性心肌梗死、支气管哮喘、喘息性支气管炎、心源性哮喘、急性喉水肿、气管异物、自发性气胸、大面积肺栓塞、脑血管病、休克型肺炎、尿毒症、糖尿病酮症酸中毒、肺性脑病、急性中毒等疾病。

从呼吸困难所提示的疾病不难看出，呼吸困难所提示的均是较危险的信号，而要判断以上这些疾病还要结合在呼吸困难的同时所伴随的其他症状以及相对应的生化、理化指标等方能够确诊，这些较严重的病症是非专业医生所不能解决的。因此，一旦病人出现呼吸困难，无论如何均要立即请医生进行及时诊治。

第十章　家庭宠物植物养护

第一节　家庭宠物饲养

一、宠物狗的饲养

1. 宠物狗的洗浴

小狗的洗澡是生下来 2 个月以后，接种预防针后两个星期以上才开始。室外饲养的狗一年洗 3~4 次，室内饲养的则 20~30 天一次为宜。

狗的皮肤不像人类那样容易出汗，不需要经常洗澡。洗澡前应让它散步，让它排出尿和粪便，然后按顺序进行洗澡。

把小狗放在 36~38℃温水里，先把肛门附近的分泌物消除。把海绵浸泡在稀释几十倍的洗发水里，然后从头部向后把全身洗一洗，之后，用清水把它清洗干净。注意勿让洗头水进入眼睛、鼻子和嘴。

清洗完毕后，让狗将身上的水分抖落，然后用毛巾擦干。长毛狗在擦净体表的水分后，须用吹风机和梳子把毛吹干整理。

2. 宠物狗的饮食

狗的寿命 12~16 年。由于发育期比较短，它所需的营养也是和人类一样，需要经常供应新鲜的水、蛋白质、维生素、脂肪、碳水化合物、矿物质等。

断乳后的小狗，每天喂 4 次。3 个月后则早、中、晚 3 次，6 个月后每天分为早晚 2 次。狗的胃很大，有的成犬只要吃一餐就能得到一天所需热量。狗的食量应视不同的狗而有区别。

喂狗也是"八分饱"为宜。每隔 3 天可让狗啃一些猪、牛骨头，一方面能补充钙质，另一方面能强化它的牙齿与骨骼。

喂狗时，应针对狗的体质来喂养，否则容易闹狗病，狗虽然爱吃鸡骨，但因鸡骨烹煮后还是很硬，有时因鸡骨的碎片刺伤了胃或肠黏膜而引起创伤性肠炎。鸡头骨的正确烹煮方法是用高压蒸气锅把头盖骨煮熟，然后切除鸡喙和下颚骨，并把头盖骨压碎，再喂食。

此外鸡骨汤含有大量胶质，可以帮助幼犬骨骼的发育，并能增加造血的作用，对幼犬的发育具有相当好的效果。

二、宠物猫的饲养

1. 宠物猫的洗浴

首先先准备一桶温水，将猫缓慢地由后脚慢慢地浸入水中，期间都必须轻声温柔地夸赞它，并不时地给予爱抚，先不要将水泼至它的头部，慢慢地出其不意地将水轻轻地泼至头部，但不要弄到脸，接着就开始顺着毛向搓揉皮毛，让皮毛完全湿润，之后便将猫抱出水桶，立即以稀释的洗毛精淋在猫的背中线开始搓揉，泡沫不够的地方就再淋一些洗毛精加以搓揉，脸最好不要洗，完全搓揉好之后将猫又浸入水桶的温水中，慢慢地泼水先将头上的洗毛精冲洗干净。

2. 宠物猫的饮食

年龄较小的猫需要富含蛋白质、脂肪、维生素、水、糖类或碳水化合物、矿物质等的食物。一般猫喜食动物性食料，且动物性食料比植物性食料更适合猫的营养需要；新鲜的肉类、鱼类食物最适合猫的口味；营养充足，猫的生长发育就快，身体强壮，对疾病的抵抗力就强。如营养不足，则猫的生长发育便会不良，体重便会减轻、食欲便会下降，皮毛便会杂乱而无光泽。

第二节　花卉树木养护

一、正确选择花卉

家庭养花在数量上应当少而精，在品种选择上应根据家庭的环境条件和个人的爱好，合理地选择花木。室内是人们生活中重要的活动场所，应按下列要求选择花卉。

花卉宜选择阴生或耐阴品种，如万年青、兰花、龟背竹、吊兰、橡皮树、君子兰等。一些观花植物多属于阳性花卉，在室内摆设时应置于向阳处，并经常搬到室外吸收阳光和雨露。

有异味的花木不宜放在室内，如丁香、夜来香等花香会使一些病人产生不良反应，有的高血压、心脏病患者闻到这些香味后有气闷不适的感觉。松柏类植物的香气能降低人的食欲，也不宜在室内摆放过多和过久。

有些花的叶、茎、花的汁液有毒性，在室内摆放要进行适当隔离，尤其要避免儿童接触。一品红、五色梅、夹竹桃、虎刺、霸王鞭、石蒜等毒性较小，只要不随便摘取叶、枝、花、果，一般是不会造成中毒的。培育时应多加注意。

阳台面积较小，风大、干燥，夏季温度高，水分蒸发快，但是光照充足，通风良好，对一些喜光、耐干旱的花卉十分有利。凸式阳台三面外露，光照好，可以搭设花架，种植攀缘花卉，如茑萝、牵牛花、葡萄、五叶地锦等，并可设花架摆放月季、石榴、米兰、茉莉和盆景等。阳台顶部可以悬挂耐阴的吊兰及蕨类植物，阳台后部为半阴环境，可以摆放南天竹、君子兰。凹式阳台仅一面外露，通风条件差，可在两侧墙面搭梯形花架，摆设花木。

卧室布置应当静洁、素雅、舒适。南向卧室光线充足，可选择喜光照和温暖的花卉，如米兰、扶桑、月季、白兰花、金橘、仙人掌类及多肉植物等；东西向卧室由于光照时间短，可选择半耐阴的花卉，如山茶花、杜鹃花、栀子花、含笑、文竹、万年青等；北向卧室光照条件差，温度较低，宜选用君子兰、吊兰、橡皮树、龟背竹、天门冬及山石盆景等。

客厅布置要求恬静、幽雅、大方，应以小巧、典雅为主要特色，可选择米兰、四季桂、茉莉、文竹、佛手、金橘等，墙角可放置观叶植物，如发财树、散尾葵、棕竹、袖珍椰子及蕨类植物等。

有小天井的家庭，可在其中的一角种上紫藤、木香花或金银花等攀缘花木，春夏开花香气四溢。住宅阳台，阳光充足，空气流通，适宜盆栽花木生长，除了盆养一些观叶为主的喜阳花木，如松、柏、杉和观花为主的月季、迎春、扶桑、菊花、石榴等外，还可以选择有沁人香味的盆栽茉莉、米兰、白兰花、小叶栀子花、含笑、珠兰等花木；观果的金橘、四季橘、南天竹、红果树也可种上几盆。

二、花卉树木的养护

1. 花卉的土壤

花卉的土壤应疏松肥沃，排水良好，保水力强，透气性好，有利于花卉根部的生长。

2. 花卉的防病

注意通风透光，合理施肥与浇水，促进花卉生长健壮，以减少和减轻病害。

3. 室内养花注意事项

初春不要急于将花卉搬出室外。

深秋时节不急于将盆花搬入室内，可将花卉移至背风向阳处。

入室后的花卉要注意通风。

第三节　家庭插花知识

一、插花的含义

插花是艺术地将植物的花、枝、叶、果实等插入瓶、盆等器皿，展现出形态美和内涵美的一种室内装饰品。

在台桌案几上放一盆插花，可使居室生辉，令人赏心悦目。插花的艺术性与插花的方式关系极大。

二、插花的方式

插花方式大致有两种。

一种是图案式，着重人工安排，体现人工艺术的美，如三角形插法、弧线形插法、曲线形插法、"L"形插法、放射形插法等。

另一种是自然式，即取自然界最优美的姿势，略加入工修饰，体现自然美，如悬崖形插法、横斜态插法、清疏形插法等。

不论采用哪种方式都要注意造型的优美。

三、插花的分类

插花艺术一般分两大类，即东方式与欧美式。

东方式插花以我国和日本为代表，传统多用木本花卉，近代受欧美插花的影响，亦采用草本花卉。日本插花艺术源于我国，称之为"花道"。东方式插花以精取胜，特点是采用不对称的伸张，外形多为不等边三角形；花数少，重意境，线条简洁，讲究造型，通过各种自然线条的艺术组合，构成美妙的姿态和诗情画意。

欧美式插花又称西洋插花或西方式插花。通常用唐菖蒲、康乃馨、百合花、郁金香等草本花卉作材料，以盛取胜。结构对称规则，形态多为半圆形、椭圆形、扇形、三角形等几何形状。另一特点是花色艳丽，体大花多，花朵均匀，讲究块面的艺术效果，给人以雍容华贵的感觉，能烘托热烈欢快的气氛。

自然瓶花的剪插，首先要选择好花瓶和花枝，这实际上就是构图。花枝要裁剪得当，与花瓶比例要合适，一般以 3：1 为好。花枝长度宜参差不齐，如插三枝花，应依次相差 1/3 的长度。主枝应斜插稍曲向上，次枝方向大致相同，横曲伸向瓶外，短枝附于主枝的另侧，以平衡补偿。这样就显得疏密有致，错落有致。插花最忌刻板呆滞，也忌零乱无章。插花时，一定要事先考虑好构图，选择好花枝，注意颜色搭配，而且要锐意创新，切不可拘泥。另外，还应根据居室和需要的不同进行摆设。例如，客厅是接待亲友和家人经常团聚的地方，插花需浓艳喜人，以使人觉得美满、盛情；书房是看书和研究学问的地方，宜清静雅致，插花宜清淡简朴；卧室是睡眠休息的地方，需雅洁、和谐、宁静、温馨，插花可选择雅致、协调并能散发香气的鲜花等。

第十一章　安全防范

第一节　个人安全

一、住家安全常识

1. 个人安全

家政服务员单独在雇主家服务时，不得以任何理由带陌生人到雇主家；如果有人敲门，必须问清情况，认为安全时才开门；如果有人以抄水表、煤气表，维修，替雇主家送物品之类理由想进家门，在无法确定真假时，不妨婉言拒绝，待雇主回来后再说，千万不要轻易开门；居家服务的家政服务员晚间独自一人睡觉时，应拉上窗帘，锁好门。

2. 食品安全

选购商品要到正规的商店采购，同时必须查看食品的保质期；买回家的新鲜蔬菜含有少量农药残留，应放入清水中浸泡一段时间再烹饪；变质的食物一定要倒掉。

二、出行安全常识

随着社会的不断发展，车辆和人流不断增长，道路交通日益繁忙。了解和掌握走路、乘车、骑车的基本交通安全知识，提高自身保护能力，可以有效防止和避免交通事故的发生。

1. 交通安全知识

城市的主要道路路面上有油漆画的各种线条，这是交通标线。道路中间长长的黄色或白色直线是车道中心线，它分隔来往车辆，使它们互不干扰。中心道两侧的白色虚线是车道分界线，它规定机动车在机动车道上行驶，非机动车在非机动车道上行驶。在路口四周有一根白线是停止线。红灯亮时，各种车辆应该停在这条线内。路面上用白色平行线组成的长廊是人行横道线，行人在人行横道线上穿越马路最安全。

主要道路上设有行人护栏和隔离墩两种交通隔离设施。行人护栏是用来保护行人安全，防止行人横穿马路走入车行道和防止车辆驶入人行道的。隔离墩是安装在车行道上用来分隔机动车与非机动车或来往车辆的。行人不能随意跨越护栏和隔离墩。

在十字路口有红、黄、绿三色交通信号灯。行人要做到"红灯停、绿灯行、黄灯需谨慎"。

2. 文明行走

走路时，思想要集中，不能三五成群并排行走。行人须在人行道内行走，没有人行道靠右边行走；穿越马路须走人行横道；通过有交通信号控制的人行横道，须遵守交通信号的规定；通过没有交通信号控制的人行道，要左右观察，注意车辆来往。

不能在汽车前、后急穿马路。因为车前车后是驾驶员的视线死角，在此范围内急穿马路，最容易造成车祸。

3. 文明乘车

外出乘坐公交车辆，应在站台上有秩序地候车。车停稳后，让车上的人先下车，然后依次上车。上车后要主动买票。遇到老、弱、病、残、孕和怀抱婴孩的人应主动让座。不能将头和

手伸出窗外，做到文明乘车、确保安全。

三、自我保护和呼救常识

家政服务员是以进入家庭的形式，单独进行工作的一种比较特殊的职业。因此，懂得一些呼救常识、学会自我保护尤为重要。

1. 增强自我保护意识

（1）筑起思想防线，提高识别能力。要消除贪图小便宜的心理，对雇主过于热情的馈赠应婉言拒绝，以免因小失大。一旦发现雇主对自己不怀好意，应主动提出辞职，以保护自己权益不受伤害。

（2）行为端正，态度明朗。家政服务员要做到自尊、自爱。如果自己行为端正、态度明朗，对方则会打消念头，不再有任何企图。若自己态度暧昧，模棱两可，对方就会增加幻想，继续纠缠。

（3）学会用法律武器保护自己。若遭遇事故，要学会运用法律武器保护自己，千万不能惧怕，"惧怕"的结果常会使对方得寸进尺。

（4）学点防身术，提高防范的有效性。一般女性的体力均弱于男性，因此，家政服务员可以学点女子防身术，以便在遇到突发情况时保护自己，即使不能制伏对方，也可制造逃离险境的机会。同时，受到伤害要注意设法在对方身上留下印记或痕迹，以备追查、辨认时做证据。

2. 火灾扑救中的自我保护与逃生

因火灾丧生的人中仅少数为大火烧死，大多数均死于中毒、窒息，特别是很多室内装修材料均为易燃化学品，燃烧时会放出大量有毒、有害气体，使人迅速中毒死亡。在家庭火灾的扑救中必须加强自我保护，若扑救无效，火势越来越猛，则应及时逃生。具体做法如下。

（1）试开门缝、窗缝，如无烟火窜入，底楼住户应立即通过门窗逃生，楼上住户也应迅速下楼逃离。若楼梯已经着火，但火势尚不大，则可身披湿棉被、毯子从火中冲下楼，逃离时应随手关门以防火势进一步扩散。

（2）试开门窗，若有烟火窜入，则应立即关闭，减缓火焰进入室内的速度。

（3）火灾中的烟雾不仅呛人，而且含有大量有毒气体，会使人中毒死亡。因此在烟雾较大时，应用水把毛巾、手帕浸湿后捂住口鼻，这样可延缓毒气吸入体内，同时以俯身爬行的方法尽快脱离火区。

（4）万一身上衣、帽着火，千万不可胡乱扑打或东奔西跑，以免因空气流动加快而使火势越来越大，甚至引起周围可燃物的燃烧。这时，正确的做法应是尽快脱去燃烧的衣、帽，如来不及脱衣可就地卧倒打滚，把身上的火苗压熄；如身边有水，则可用水浇灭，遇到他人衣服着火，也可采取同样的方法帮其扑灭。

3. 刑事案件发生后的处置

遇到坏人要敢于斗争、善于斗争。首先要从精神上、气势上压倒对方，要记住任何犯罪分子在本质上是极其虚弱的，你若是软弱退缩，在客观上就会助长罪犯的嚣张气焰。其次，要善于用脑，与之周旋或迷惑对方，避免不必要的伤害和牺牲，并伺机呼救、报警和制伏罪犯。

（1）报案。案件发生后，应立即向住所附近的公安机关报案，提供有关案件的初步情况，如案件发生的地点、发现的时间、发现时现场的基本情况等，以便侦查人员及时赶赴现场开展侦破工作。

（2）保护现场。保护现场，是刑事案件发生后极为重要的一项处置措施。刑事犯罪案件，特别是入室盗窃、抢劫案件的现场，蕴藏着大量的犯罪信息与犯罪的痕迹、物证，这是侦破案件的出发点，必须严加保护，等候办案人员到达。只有当公安干警到达并进行现场勘查之后，在他们的同意下才能清理现场，弄清被窃、被抢物品的具体情况。同时要配合公安机关侦破案件，有责任向公安机关实事求是地反映情况，详细地提供破案线索，如案件发生、发现的时间，案件造成的损失（被窃物品的数量、品种、牌号、型号、新旧程度、特征等），造成的伤害情况，作案嫌疑人的体貌特征，案发前后或案发时看见的异常情况，听到的异常声音，接触的社会关系中可能作案的对象等。

4. 呼救常识

（1）火灾报警。火灾发生后应立即切断家中的电源、气源，然后拨打"119"火警电话。拨通"119"电话后，应报告的主要内容为：火灾发生地点（区、街道、路名、门牌号码）；燃烧物的种类（是电气火灾，还是煤气、液化石油气火灾）；火势燃烧状况（如燃烧在几楼，是否烧穿屋顶等）；最后将报警的电话号码告诉"119"火警台，以便于联系。电话报警后，应到所报警的路口等候消防车，使其尽快赶到火灾现场。

（2）公安报警。"110"报警电话网络，这是现代通信技术和计算机技术的结晶，是广大人民群众的保护网。"110"指挥中心接到群众的报警电话，就会立即指挥案发地（或就近地）派出所或警署的民警以及卫星定位巡逻车赶赴现场，一般在五六分钟内就可到达。使用"110"电话报警，要注意话语简洁、明了。应报告案发的地点（区、街道、路名、门牌号码），时间及简单案情。切忌讲话啰嗦，耽误时间。

（3）医疗救护。如果自己或身边的人突然受伤或生了重病，而又无法前往医院救治，可拨打电话"120"进行求救，打电话时一定要说清需要急救者所处的地址（病发地或者受伤的地方），说清需要急救者的年龄、性别，受的是什么伤（得了何种病），现在情况如何。

第二节　居家安全

一、安全用电

家用电器在使用时会产生一定的热量，在正常情况下产生的热量是不会影响电器和导线工作的。但如果使用不当，或电器出现故障时，产生的热量会超过允许的额定值，导致线路中的熔断器（俗称"保险丝"）熔断，或电路保护装置断开（俗称"跳闸"）。此时，就要请专业人员维修。同时还应该注意以下几点。

一是在选购家用电器前，应先计算一下家中的电表、室内布线是否会超过工作负荷。家中大功率的电器用具最好不要同时使用，以免发生过载。

二是电器用具在使用中若有不正常的响声或气味时，应立即停止使用，并请专业人员维修。切不可继续勉强使用，或擅自摆弄电器用具和电线。

三是严禁用湿手去操作电器用具的开关，或者去插、拔电源插头。在清洁电器用具时，切不可让水浸湿电源插座。

四是各种大功率的家用电器均应接上地线，以免漏电伤人。

五是不要擅自加粗熔断丝的直径，严禁用其他金属丝来代替熔断丝。因为这两种做法均会使熔断丝失去应有的保险作用。

六是为了防止电线或电器用具因漏电而造成事故，家庭中应安装合格的漏电保护器。一旦发生触电事故或电器用具起火时，应立即先切断电源。

二、安全使用燃气设备

（一）概述

当前家庭使用的燃气主要有天然气、液化气和管道煤气三种，它们的主要成分有较大的区别。

1. 天然气

天然气的主要成分是甲烷和氢气，无色、无味，热值高，且一氧化碳及杂质含量少，是城市居民日常使用的洁净高效、优质安全的能源。

2. 液化气

液化气的主要成分是丙烷、丁烷、丙烯、丁烯等易燃气体，无色、无味，热值低于天然气，有一定的杂质。长时间使用液化气，厨房里的炊具、灶具会有一层油状物。

3. 管道煤气

管道煤气主要是炼焦时产生的气体，它的主要成分是一氧化碳，还含有少量氢气和甲烷，它虽然也是无色、无味的，但使用不当，容易引起煤气中毒。

天然气和液化气若使用不当，也会发生一氧化碳中毒。因为燃气在燃烧时都在进行氧化。当在密闭的房间里，消耗氧气过多时，会使燃气不完全燃烧，也会产生一氧化碳。所以，使用任何燃气时都要注意通风，以防中毒。

（二）安全使用日常燃气设备

燃气灶具和燃气热水器是目前经常使用的燃气设备，使用的燃气主要分为管道煤气专用型和天然气专用型两种。

1. 燃气灶

（1）使用时，要打开厨房的窗户或脱排油烟机以便于通风。

（2）必须遵守"先点火后开气"的次序，绝不能采取"气等火"的点火方法。国家提倡使用自动熄火装置的煤气灶，如无此装置的煤气灶在使用过程中要防止火焰被风吹熄。

（3）烧煮食品时，人不得离开火源。锅、壶等不宜盛水过满，要防止烧煮的汤、水因沸腾外溢浇熄火焰，也要避免锅内食品被烧干、烧焦起火。

（4）用气完毕，应关闭所有的燃气开关、阀门以防漏气。

（5）燃气灶具与煤气管阀门或液化气瓶连接的橡胶管是特制的，不得用其他橡胶管或塑料管代替，橡胶管两端必须用金属夹夹紧。橡胶管易发生老化开裂，应时常注意检查更换。

2. 燃气热水器

燃气热水器分烟道式、平衡式及强排风三种。而强排风燃气热水器已成为目前市场上销售的主流品种。燃气热水器利用管道煤气、天然气或液化石油气加热自来水，可以做到即开即热。

正确的操作程序如下。

（1）开启厨房煤气阀。

（2）打开燃气热水器进气阀及出水阀。

（3）打开水龙头自动点火。

（4）观察点火是否成功。

（5）旋动水温调节开关，调至所需要的温度。

三、防火

（一）家庭火灾的常见原因

1. 电器引发火灾

（1）电器设备年久失修导致电线绝缘老化，引起短路。

（2）违章使用电器设备，如乱接乱拉电线，使接头处接触电阻过大。

（3）因用电负荷太大等原因，导致熔断丝烧断，有些用户便擅自换上粗熔断丝甚至铜丝，使熔断器的保护功能失效，从而引发了火灾。

2. 燃气引发火灾

燃气所引起的火灾一般都是因为漏气、忘记关闭阀门或火焰被风吹熄，大量气体泄漏未被发觉，以致遇到明火（包括火星）燃烧。或者使用燃气时，人离开火源，导致食物烧干引起火灾。

3. 冬季取暖设备引发火灾

主要是各种冬季取暖设备，如红外线取暖器、煤气取暖器、电热毯等升温时间太长，温度过高引起周围可燃物质的燃烧。

4. 其他原因

如儿童玩火、鞭炮引着易燃物、乱扔烟蒂等原因引起的火灾。

（二）家庭火灾的防范措施

1. 注意用电安全

（1）使用各种电器应详细阅读说明书，掌握正确的使用方法。

（2）对于用电量大的电器，如冰箱、空调，应事先请专业人员核查电度表、线路等能否承受。

（3）家用电器出现故障，应及时请专业人员修理。

2. 注意燃气安全

（1）不得私自装、接煤气用具。燃气热水器不要安装在煤气灶上方或有热源的地方。使用燃气要遵守操作规程。遇故障应与燃气公司联系，及时解决。

（2）当燃气设备工作时，人不能远离，以防发生意外。用火完毕，应关闭所有的燃气开关、阀门以防漏气。

（3）遇有气体泄漏（此时可闻到臭味），不得开灯、划火柴，应立即关闭气源阀门，打开门窗通风排气。寻找泄漏点时不得用烟头、火柴、打火机等明火源，只能用肥皂水涂抹接头处和管道的可疑部位进行查寻。

（4）严禁用热水甚至火焰烘烤液化气罐以利用余气的做法。

（5）应经常检查燃气有否泄漏。检查方法是在晚上关闭所有用气器具的开关，记下燃气表上最末一位读数，第二天早晨再去查看燃气表的读数有无变化（如有变化，说明燃气有泄漏）。当闻到有气味时，要立即打开窗户，通知检修人员上门检修。

（6）各种燃气设备要定期请专业人员进行保养和内部清洁，出现故障要及时维修，失效的零部件应随时更换，使它们始终工作在最佳状态下，确保使用安全。

3. 注意取暖设施的使用安全

（1）各种取暖器具必须与易燃物品保持一定的距离。

（2）不要用取暖器烘烤物品，尤其不要将湿的衣物、鞋袜、手帕等挂在取暖器上烘烤。

（3）不得在取暖设备附近使用化学危险品，如汽油、酒精、香蕉水等。

（4）电热毯不准折叠使用。给婴幼儿、老人、病人使用电热毯，要防止尿床或弄湿。无人时不要让电热毯长时间通电，睡觉前最好关闭电热毯电源或调至低温挡。

（5）严格遵守各种取暖器的安全使用规定。人离开时要切断取暖器的电源。

4.其他防火措施

（1）禁止儿童玩火。

（2）购买烟花爆竹应到国家有关部门批准经销的指定商店购买。燃放时要注意安全，在禁放区必须自觉遵守市政府的禁放规定。

（3）不要随地乱扔烟蒂、火柴梗，不要躺在沙发上、床上吸烟。

四、防盗

家庭防盗关系到每一个家庭的人身和财产安全，随着科技的发展，盗窃分子行窃手段也在不断提高之中。因此加强防范意识和能力尤为重要，家庭的安全防盗主要分人防和技防两种方法。

（一）人防

所谓人防，指人力防范。简单地说就是通过人的能动作用，在掌握入室盗窃、抢劫等犯罪活动规律的基础上所采取的各种防范措施。

1.入室盗窃、抢劫活动的一般规律

（1）作案时间、空间特征。大多数入室盗窃、抢劫案发生在午夜至凌晨，以及上下午几个特定的时间段内。后半夜是一天中最寂静的时候。劳累了一天的人们此刻都进入了梦乡，四周一片漆黑，正是犯罪分子猖狂作案的时机。而 9—11 时，14—16 时，在一般人心目中是比较安全的时间，犯罪分子恰好利用人们这一心理，利用此时居民大多上班上学，以及住宅区内人流量相对减少等有利条件，进行入室盗窃或抢劫活动。这类案件在新建住宅区的发生率较高，特别是底层和四层以上住宅更为集中。因为底层围墙低矮，易于翻越；四层以上则来往人员较少，作案不易被发现。

（2）作案手段、方法。犯罪分子常常白天先"踩点""打样"，摸清目标的周围环境、进出通道及人员出入的特点（市郊结合部的新建住宅，特别是豪华的公寓别墅，常常是他们首选的目标）。到了晚上便直奔目标作案，通常破窗而入，有的利用窗栅间距较宽从中爬入，有的利用窗栅不牢固、质地太软用工具撬、剪后再进入室内，也有的划破、敲碎窗玻璃或翻气窗入室。其次是从房门入室，手段有用插片开锁、工具撬锁，在无人的情况下甚至采用撞、踢、蹬门等方式破门入室。还有翻爬围室外水管，通过阳台再破窗、破门入室的，财物到手后便迅速逃窜。

白天作案的案犯一般采用"一看、二听、三试探"的方法。即先看住房门窗是否关闭，有无明锁；再听室内有无收录音机、电视机及讲话等声响；然后进行试探。如果是底层，则常用窥视及"投石问路"等方法，其他楼层就以找人、推销商品等为由敲开房门，窥测室内情况。如果只有老弱妇孺便以欺骗或暴力方式入室实施犯罪。有的犯罪分子还会冒充该家庭中不在家的成员的朋友、熟人，或水、电、煤气抄表工、检修工欺骗住户进入室内作案。

犯罪分子在证实室内无人，通过破门、破窗入室行窃时，如恰遇雇主回来发现，则极易转化为暴力伤害，甚至凶杀案件。

2. 防范措施

从入室盗窃、抢劫案的一般规律分析可知，犯罪分子要实施犯罪最重要的一点是必须进入室内，无论是插片、破窗，还是欺骗，其目的均在于此。因此作为人防措施最关键的一条就是提高警惕、严守门户。居民对存款凭证、国债等有价证券，应记下号码后分散存放在不引人注意处。户口簿、身份证、工作证、信用卡也应妥善分散保管。存款、首饰等还可向银行租借保险箱保存。家政服务员更不可轻易让陌生人或不熟悉的人进门。当雇主不在家而有客来访时，应彬彬有礼地请来客与雇主预约，或等雇主回家后再来。这样既有礼貌又坚持了原则，保证了家庭的安全。

平时发现有陌生人在门前、楼道或庭院游逛、逗留，要密切注意观察，如形迹可疑应立即报警。多留意一同进入电梯间的尾随人员，避免意外发生。

（二）技防

技防即技术防范，就是利用各种技术、器材和设施加强防卫防范。技防不仅可以弥补人防力量的不足和局限，而且能当场抓获或吓退罪犯，这样可降低各类案件的发案率，是打击和预防犯罪（特别是入室盗窃、抢劫犯罪）的有力武器。

针对保护防范的对象、要求不同，技防的方法也各不相同。对于一般的住户居室的安全防范，主要有以下几个措施。

1. 加固门窗

家庭中的窗户尤其是底楼向外的门窗均应加装铁栅（包括厨房和卫生间），锁具应选用保险锁、防盗锁等安全性能高的

产品。

2. 大门应安装防盗门

住宅大门应安装符合国家标准的防盗门。平时要养成随手锁上防盗门的习惯，这样虽然麻烦一些，但安全性能却大大提高。

3. 大门上应安装门视镜（俗称“猫眼”）和门链

由于门视镜的视角可达 140 度以上，因此从室内可方便地观察到门外的情况。当听到有人敲门或按响门铃时，应先从门视镜向外观察来人的情况，如有必要便可扣上门链后把门打开一定的角度。如果没有门链，则一定要在防盗门上锁的情况下再打开防盗门的通风窗。此时，一般的事（如抄表、询问等）均可得以解决。

五、防意外

（一）防意外事故

1. 防触电

在雷阵雨天气，如在室外，不宜使用手机；室内应尽量少开视频类电器设备，以防雷击时，电网发生故障，引发事故。

初次使用电器设备前，最好能了解其性能，做到规范操作，避免不必要的损害。

2. 防火灾

不存放易燃易爆物品；不使用劣质电器；点蚊香应采取有效的防火措施；台灯不要靠近枕头和被褥；使用炉灶时应有人照看，锅、壶等不宜盛水过满，以免溢出熄灭火焰；用完电熨斗后一定要养成随手切断电源的习惯；在睡觉前或家中无人时，要切断电视机、收录机、电风扇等家用电器的电源。

3. 防高空坠落

在没有绝对保险措施的情况下，应拒绝进行高空擦窗等危险作业。登高取物或清洁时，应使用稳固的梯子，不要站在木箱或纸箱、旋转椅或其他不稳固的物品上。如果地面比较滑，可铺设一些软布、纸板等物品增加地面的摩擦力。

（二）意外人身保险

随着现代社会的工作节奏加快，对家政服务的社会需求也日益增加。雇佣双方因意外事故的发生，引起赔偿纠纷也时有发生。若能实现约定，有一个雇佣双方都能接受的协议约束，在规范双方各自应承担的职责的同时也会起到提醒和警示作用，起码能减少强迫从事危险作业事故发生的概率。即使在事故发后，也可以有一个切实可行的解决办法。国家有关劳动部门鉴于这类现象，已经推出了相关的保障性措施。特别是对从事居家服务的家政人员，可以以本着雇佣双方协商自愿的原则，向有关部门缴纳一定数额的保险金，获取一份社会劳动意外保险。其次，视个人能力和情况也可以购买商业意外险。一旦发生意外，能多得到一份保险金，以减少物质和精神上的损失。

主要参考文献

傅彦生 . 2018. 家政服务员 ［M］. 太原：山西经济出版社 .

杨飞，黄河 . 2016. 家政服务员入门 ［M］. 北京：化学工业
  出版社 .